Teubner Studienskripten Elektrotechnik

Ebel,   Regelungstechnik
            2., überarbeitete Aufl. 160 Seiten. DM 10,80

Ebel,   Beispiele und Aufgaben zur Regelungstechnik
            2., überarbeitete Aufl. 151 Seiten. DM 12,80

Eckhardt, Numerische Verfahren in der Energietechnik
          208 Seiten. DM 16,80

Fender,   Fernwirken
            112 Seiten. DM 10,80

Freitag,   Einführung in die Vierpoltheorie
            2., durchgesehene Aufl. 128 Seiten. DM 10,80

Frohne,   Einführung in die Elektrotechnik

            Band 1 Grundlagen und Netzwerke
            3., überarbeitete und erweiterte Auflage.
            172 Seiten. DM 12,80

            Band 2 Elektrische und magnetische Felder
            3., durchgesehene und erweiterte Auflage.
            281 Seiten. DM 15,80

            Band 3 Wechselstrom
            3., durchgesehene Aufl. 200 Seiten. DM 14,80

Gad,   Feldeffektelektronik
            266 Seiten. DM 16,80

Haack,   Einführung in die Digitaltechnik
            2., überarbeitete und erweiterte Auflage.
            200 Seiten. DM 12,80

Harth,   Halbleitertechnologie
            2., überarbeitete Aufl. 135 Seiten. DM 14,80

Heidermanns, Elektroakustik
            138 Seiten. DM 12,80

Hilpert,   Halbleiterbauelemente
            2., durchgesehene Aufl. 158 Seiten. DM 12,80

Höhnle,   Elektrotechnik mit dem Taschenrechner
            228 Seiten. DM 16,80

Kirschbaum, Transistorverstärker

            Band 1 Technische Grundlagen
            2., durchgesehene Aufl. 215 Seiten. DM 14,80

            Band 2 Schaltungstechnik Teil 1
            2., durchgesehene Aufl. 231 Seiten. DM 14,80

            Band 3 Schaltungstechnik Teil 2
            248 Seiten. DM 15,80

Morgenstern, Farbfernsehtechnik
            230 Seiten. DM 14,80

Preisänderungen vorbehalten

Zu diesem Buch

Dieses Skriptum gibt eine knappe, praxisbezogene Einführung in das Gebiet der Halbleitertechnologie. Es setzt Kenntnisse der
Grundlagen der Halbleiterphysik und der
Werkstoffkunde voraus. Das Buch enthält den
Stoff der Vorlesung "Halbleitertechnologie",
wie sie im allgemeinen an deutschen Hoch-
schulen gehalten wird.

Dieses auch zum Selbststudium geeignete
Buch ist sowohl für Studenten an Technischen
Hochschulen/Universitäten nach dem 4.Semester
und für Studenten an Fachhochschulen als auch
für Ingenieure der Elektrotechnik und Elektronik sowie für Physiker geeignet.

Halbleitertechnologie

Von Dr. rer. nat. W.Harth

Professor an der
Technischen Universität
München

unter Mitwirkung von
Dr.-Ing. J. Freyer
Akademischer Oberrat an der
Technischen Universität München

2., überarbeitete Auflage
Mit 92 Bildern

B. G. Teubner Stuttgart 1981

Professor Dr.rer.nat. Wolfgang Harth

1932 in Straubing/Donau geboren. 1952 - 1956
Studium der Physik an der Technischen Uni-
versität München. 1959 - 1961 Wissenschaft-
licher Mitarbeiter und Assistent am Institut
für Technische Elektronik der Technischen
Universität München. 1961 Promotion. 1965
Habilitation an der Technischen Universität
München. Seit 1969 Abteilungsvorsteher und
Professor für Hochfrequenzelektronik am
Institut für Hochfrequenztechnik der Tech-
nischen Universität Braunschweig und seit
1973 Inhaber des Lehrstuhles für Allgemeine
Elektrotechnik und Angewandte Elektronik
an der Technischen Universität München.

CIP-Kurztitelaufnahme der Deutschen Bibliothek

Harth, Wolfgang:
Halbleitertechnologie / von W. Harth. - 2.,
überarb. Aufl. - Stuttgart : Teubner, 1981.
  (Teubner-Studienskripten ; 54 : Elektrotechnik)
ISBN 978-3-519-10054-6   ISBN 978-3-322-94051-3 (eBook)
DOI 10.1007/978-3-322-94051-3
NE: GT

Binderei: Clemens Maier KG, Leinfelden-Echterdingen 2
Umschlaggestaltung: Walter Koch, Sindelfingen

Vorwort

Das vorliegende Studienskriptum "Halbleitertechnologie" soll das physika-
lische, chemische und technische Rüstzeug vermitteln, das bei der Herstellung diskreter und integrierter Halbleiterbauelemente notwendig ist.
Das Buch ist aus den Unterlagen zu einer einsemestrigen Vorlesung gleichen Titels entstanden, die für Studierende der Elektrotechnik im 6. Se-
mester, insbesondere der Hochfrequenztechnik, der Elektronik und der
Elektrophysik, an der Technischen Universität Braunschweig gehalten wird.

Zum Verständnis dieses Skriptums wird vom Leser nur die Kenntnis der ele-
mentaren Grundlagen der Halbleiterphysik und der Werkstoffkunde vorausge-
setzt. Somit können alle Studierenden der Elektrotechnik und Physik den
Inhalt des Buches auch im Selbststudium verstehen.

Ausgehend von der Darstellung und Reinigung der Halbleiterausgangsmateri-
alien und den Methoden der Einkristallherstellung wird insbesondere den
verschiedenen für die Bauelementherstellung wichtigen Prozessen, wie beispielsweise Diffusion, Epitaxie, Oberflächenbehandlung und -passivierung,
ein breiterer Raum gegeben. Anhand von ausgewählten Fertigungsbeispielen
wird schließlich das Zusammenwirken der verschiedenen Verfahrenstechniken
bis zum fertigen Bauelement erläutert.

Um den Rahmen des Studienskriptums und der Vorlesung nicht zu sprengen,
wurde auf tiefergreifende Bezüge der Halbleitertechnologie zur Fest-
körperphysik verzichtet. (Weiterführende Bücher sind in der Einleitung
angegeben.)

Besonderer Wert wurde auf eine praxisbezogene Darstellung gelegt. Das
Studienskriptum enthält deshalb detaillierte Angaben bezüglich bewährter
Halbleiter-Präparationsmethoden sowie zahlreiche Kurven und Tabellen.

An der Vorbereitung der diesem Skriptum zugrunde liegenden Vorlesung
haben die Herren Dipl.-Phys. U. Günther und Dipl.-Ing. J. Freyer mitge-
wirkt. Die kritische Durchsicht des Manuskriptes besorgten die Herren
Dipl.-Ing. J. Freyer, Dipl.-Phys. D. Ullrich und cand.-phys. H. Probst.
Für ihre wertvolle Mitarbeit sei an dieser Stelle besonderer Dank gesagt.

Braunschweig, im Juni 1972   W. Harth

Vorwort zur zweiten Auflage

Das Studienskriptum erfüllt in der vorliegenden Form nach wie vor seinen
Zweck als Einführung in die Halbleitertechnologie, da sich die grundlegen-
den Methoden und Verfahren in den vergangenen Jahren nicht wesentlich
geändert haben.

Ein Neudruck gab die Möglichkeit, den Text kritisch zu bearbeiten und
Fehler zu beseitigen. Unter Beibehaltung des ursprünglichen Buchumfanges
wurden neue Technologien, Verbesserungen bereits bestehender Technologie-
prozesse und weitere Halbleiter, die besonders in der Opto-Elektronik an
Bedeutung zugenommen haben, in den Text miteinbezogen.

Dem Teubner Verlag danke ich für die angenehme Zusammenarbeit.

München, im Mai 1981   W. Harth

Inhaltsverzeichnis

Einleitung

Technologie ist im Duden definiert als "Lehre von der Gewinnung und Verarbeitung von Roh- und Werkstoffen zu betriebssicheren technischen Produkten". Halbleitertechnologie im engeren Sinne ist demgemäß die Verfahrens- und Methodenlehre von der Gewinnung und Verarbeitung von Halbleitermaterialien im Hinblick auf die Herstellung elektrischer Halbleiter-Bauelemente.

Seit der Erfindung des Transistors im Jahre 1949 durch Bardeen, Brattain und Shockley hat die Halbleitertechnologie große Bedeutung erlangt. Die mit der Halbleitertechnologie hergestellten Dioden Transistoren, Thyristoren und Halbleiterschaltkreise beherrschen inzwischen einen großen Teil der Nachrichtentechnik, viele Zweige des Verkehrswesens, der industriellen Verfahrens- und der Raumfahrttechnik.

Durch die ständige Zunahme der Komplexität elektronischer Systeme und die damit rapid anwachsende Zahl der erforderlichen diskreten Halbleiter-Bauelemente entwickelte sich schließlich die Mikroelektronik und in konsequenter Weiterführung die Technologie der integrierten Schaltungen. Gleichzeitig konnten damit die erhöhten Anforderungen bezüglich Zuverlässigkeit, Volumen, Gewicht, Kosten und Wirtschaftlichkeit weitgehend erfüllt werden. Dadurch ist z. B. die moderne Datenverarbeitung erst ermöglicht worden.

Die wirtschaftliche Bedeutung der Halbleitertechnologie geht aus dem Jahresumsatz für Halbleiter-Bauelemente hervor, der innerhalb der westlichen Welt (Japan mit einbezogen) im Jahre 1971 bei rund 9 Milliarden DM lag und bis 1980 bereits auf 70 Milliarden DM gestiegen ist.

Unter Halbleitern werden Elemente und Verbindungen verstanden, deren spezifischer Widerstand, bedingt durch ihre Bandstruktur, zwischen dem der Metalle und Isolatoren liegt und Werte (etwas willkürlich) zwischen 10^{-4} und $10^{12} \Omega cm$ hat. Von entscheidender Bedeutung für die Halbleitertechnologie ist die Möglichkeit, daß durch gezielte Zugabe von Dotierungsstoffen der spezifische Widerstand eines Halbleiters um viele Größenordnungen verändert werden kann.

Halbleiter-Bauelemente werden aus einkristallinen, polykristallinen und amorphen Halbleitermaterialien hergestellt. Bedingt durch den verschiedenen Grad der atomaren Ordnung des Halbleiters resultieren damit Bauelemente mit verschiedenen Eigenschaften und Vorzügen, aber auch Nachteilen. Bauelemente aus polykristallinem bzw. amorphem Material sind z.B. Dünnfilmtransistoren (TFT) bzw. "Ovionic"-Schaltdioden. In diesem Buch werden jedoch ausschließlich nur die Verfahrenstechniken behandelt, die zur Herstellung von Bauelementen auf der Basis von einkristallinen Halbleitern führen.

Je nach den geforderten Eigenschaften und zugrundeliegenden physikalischen Effekten kommen für die Bauelementherstellung die verschiedenartigsten Halbleiter zur Anwendung. Außer den in der konventionellen Dioden- und Transistortechnologie verwendeten Elementhalbleitern Si und Ge sind hier die Verbindungshalbleiter vom Typ der III-V-Verbindungen (z.B. GaAs) und deren Mischkristalle zu nennen. Trotz der aufwendigeren Technologie werden diese Verbindungshalbleiter wegen ihrer günstigen Eigenschaften auch zur Herstellung hochempfindlicher Dioden und Mikrowellen-Transistoren verwendet. Das besondere Interesse für diese Verbindungshalbleiter besteht darin, daß sie aufgrund ihrer spezifischen Bandstruktur Eigenschaften besitzen, die Si und Ge nicht haben (es sei hier nur auf den Gunn-Effekt in GaAs und InP sowie auf die Lumineszenz in GaP, GaAs, InP und deren Mischkristallreihen verwiesen). Darüber hinaus gewinnen in der Opto-Elektronik die Mischkristalle für Heterostrukturen (wie z.B. GaAs-Ga$_{1-x}$Al$_x$As oder InP-In$_{1-x}$Ga$_x$As$_y$P$_{1-y}$ für Injektionslaser und Lumineszenzdioden) immer mehr an Bedeutung.

Aus der Vielzahl der technisch interessanten Halbleiter wird in diesem Skriptum im wesentlichen nur die Technologie der derzeit wichtigsten Halbleiter behandelt, nämlich die von Si (die Ge-Technologie ist in vielen Fällen ähnlich der von Si) und GaAs (bzw. InP).

Allgemeine und weiterführende Darstellungen der Halbleitertechnologie und Halbleiter-Bauelemente enthalten folgende Bücher und Monographien, aus denen der Stoff zum Teil zusammengetragen wurde:

13

[1]   Burger, R.M. und Donovan, R.P. : Fundamentals of Silicon
       Integrated Device Technology, Bd. $\underline{1}$, New Jersey 1967

[2]   Frank, H. und Snejdar, V. : Halbleiterbauelemente, Bd. $\underline{1}$,
       Berlin 1964

[3]   Grove, A.S. : Physics and Technology of Semiconductor
       Devices, New York 1967

[4]   Hadamovsky, H.F. : Halbleiterwerkstoffe, Leipzig 1968

[5]   Meyer, C.S., Lynn, D.K. und Hamilton, D.J. : Analysis and
       Design of Integrated Circuits, New York 1968

[6]   von Münch, W. : Technologie der Galliumarsenid-Bauelemente,
       Berlin 1969

[7]   Müller, R. : Grundlagen der Halbleiter-Elektronik, Berlin 1971

[8]   Runyan, W.R. : Silicon Semiconductor Technology, New York 1965

[9]   Salow, H., Beneking, H., Krömer, H. und v. Münch, W. :
       Der Transistor, Berlin 1963

[10]   Sze, S.M. : Physics of Semiconductor Devices, New York 1969

[11]   Unger, H.G. und Schultz, W. : Elektronische Bauelemente und
       Netzwerke I, 2. Auflage, Braunschweig 1971

[12]   Unger, H.G. und Harth, W.: Hochfrequenz-Halbleiter-
       elektronik, Stuttgart 1971

[13]   Harth, W. und Claassen, M.: Aktive Mikrowellendioden.
       Berlin 1981

[14]   Casey, H.C. und Panish, M.B.: Heterostructure Lasers,
       Part A and B, New York 1978

1. Technische Herstellung von Silizium und Galliumarsenid

1.1. Silizium

Der Gewichtsanteil von Silizium in der Erdrinne beträgt über 20 %. Es kommt in der Natur nicht als Element, sondern nur in Verbindungen vor, wie z.B. hauptsächlich als Quarz (SiO_2) und als Silikate (z.B. Feldspat).

1.1.1. Rohherstellung von Si

Die Rohherstellung von Silizium erfolgt durch Reduktion von Quarz mit Kohle in elektrischen Öfen:

$$SiO_2 + 2C \xrightarrow{1460^{\circ}C} Si + 2CO \qquad (1.1)$$

1.1.2. Chemische Vorreinigung von Si

Das nach (1.1) gewonnene Silizium hat noch eine geringe Reinheit, etwa nur 96 % - 98 %. Daher ist eine chemische Vorreinigung notwendig. Dazu wird die fraktionierte Destillation angewendet. Zunächst wird das Silizium in Silan (SiH_4) oder entsprechende Chlorsilane (z.B. $SiHCl_3$) übergeführt. Bei der Destillation müssen die noch enthaltenen Verunreinigungselemente (z.B. Phosphor und Bor, vgl. auch 2.1) in Verbindungen übergeführt werden, die einen großen Trenneffekt (Rückstand) ermöglichen.

1.1.3. Zersetzung der Si-Verbindung

Die chemisch vorgereinigten Si-Verbindungen werden dabei so in Silizium übergeführt, daß es anschließend zum Zonenreinigen (vgl. 2.4) verwendet werden kann.

Zur Anwendung kommt derzeit der Trichlorsilan-Prozeß, der schematisch in Bild 1 dargestellt ist. Unter einer Quarzglocke befinden sich zwei durch Stromdurchgang zum Glühen gebrachte Siliziumseelen, die durch eine Si-Brücke miteinander verbunden sind. In die Glocke wird ein Gemisch aus $SiHCl_3$ und H_2 eingeleitet. An der glühenden Oberfläche der Siliziumseelen läuft zunächst durch thermische Zersetzung folgende Reaktion ab:

Bild 1:

Der Trichlorsilan-Prozeß
zur Herstellung poly-
kristalliner Si-Stäbe

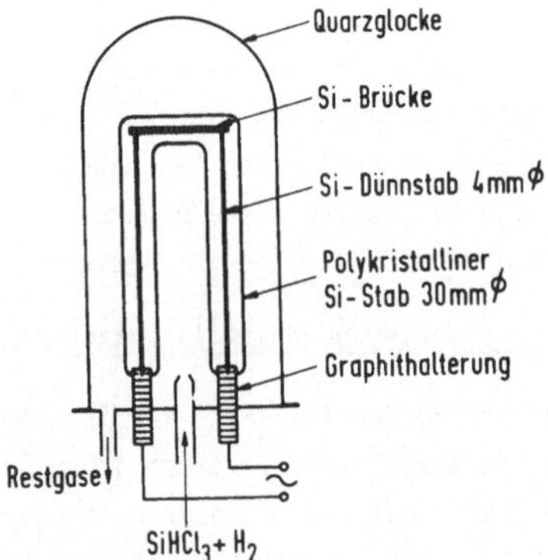

$$4 \ SiHCl_3 \ \xrightarrow{1100^{\circ}C} \ 3 \ SiCl_4 + 2 \ H_2 + Si \quad , \tag{1.2}$$

wobei das entstehende $SiCl_4$ weiter reduziert wird:

$$SiCl_4 + 2 \ H_2 \longrightarrow Si + 4 \ HCl \tag{1.3}$$

Das freigewordene Silizium setzt sich an den Si-Stäben ab. Es wachsen dabei polykristalline Stäbe mit Abscheidungsraten bis zu 1000 g pro Stunde.
Industriell werden Si-Stäbe bis zu 50 cm Länge und 10 cm Durchmesser hergestellt.

1.2   Galliumarsenid (GaAs)

Zur Herstellung von GaAs-Grundmaterial sind drei Verfahrensschritte notwendig:

      Reinigung der Ausgangsmaterialien (Ga und As)

      Synthetisierung der Verbindung und

      Kristallisation.

Die letzten beiden Schritte können zusammen durchgeführt werden.

1.2.1   Reinigung der Ausgangsmaterialien

Gallium hat einen niedrigen Dampfdruck (10^{-3} Torr bei 1000°C), sodaß
durch Erhitzen im Vakuum die flüchtigen Verunreinigungen leicht abdestil-
liert werden können. Arsen hat dagegen einen hohen Dampfdruck und die
Vorreinigungen werden deshalb durch wiederholte Destillation über die
Verbindungen $AsCl_3$ und AsH_3 ausgeführt.

1.2.2.   Synthese und Kristallisation

GaAs gehört zu den III - V - Verbindungen (wie auch z. B. InP und InAs),
die am Schmelzpunkt einen erheblichen Dampfdruck der flüchtigen Komponente
(As bei GaAs) besitzen. Dieser Gleichgewichtsdampfdruck muß während der
Synthese erhalten bleiben, damit eine konstante Zusammensetzung der
Schmelze gewährleistet wird. Man verwendet deshalb ein geschlossenes
System, wie z. B. beim   Bridgman -Verfahren (Bild 2). Die Quarzampulle
mit GaAs-Keim und Schmelze sowie As-Reservoir befindet sich in einem Ofen

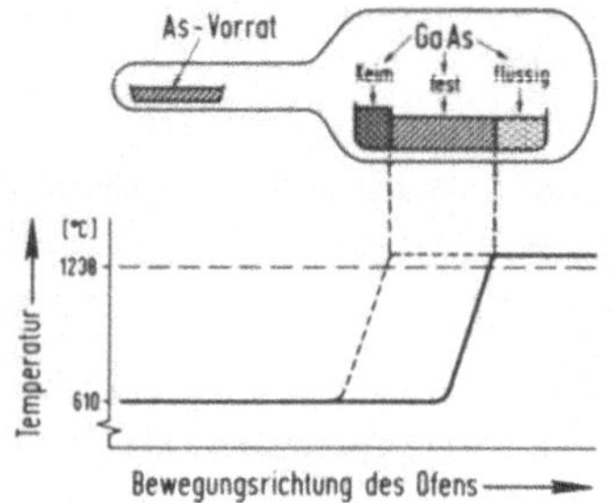

Bild 2:

Bridgman-Verfahren zur
Darstellung von GaAs

mit dem angegebenen Temperaturprofil. Zur Herstellung der Schmelze verwendet man entweder eine stöchiometrische Einwaage aus Ga und As oder
GaAs-Pulver. Das Arsen-Reservoir dient zur Aufrechterhaltung des As-Par-
tialdruckes in der Ampulle.

Die Phasengrenze flüssig-fest befindet sich zunächst am Ende des GaAs-
Keimes (gestrichelter Temperaturverlauf). Die horizontale Verschiebung der
Phasengrenze, d. h. das Wachsen des Kristalles, wird durch Bewegung des
Ofens relativ zur Ampulle bewirkt (vgl. durchgezogenes Temperaturprofil).

Der konstante As-Dampfdruck während der Synthese und Erstarrung ist wichtig, da bei As-Defizit im GaAs Arsenleerstellen und bei As-Überschuß Ga-Leerstellen entstehen. Diese Leerstellen werden sofort mit Fremdatomen aus der Umgebung besetzt, die dann letztlich den Leitungscharakter (n- oder p-Leitung) des Materials bestimmen. Diese Vorgänge sind auch bei den anderen Methoden der GaAs-Einkristallherstellung (vgl. Gremmelmeier-Verfahren 3.1.1.1 und Epitaxie-Verfahren 3.2.1 und 3.3.2) entscheidend. Insbesondere ist beim Bridgman-Verfahren eine Berührung der Schmelze mit dem Tiegel (Quarz, Graphit) unvermeidbar. So führt z. B. eine Reaktion mit Quarz:

$$4 \ Ga_{(GaAs)} + SiO_2 \longrightarrow 2 \ Ga_2O^\uparrow + Si_{(GaAs)} \qquad (1.4)$$

zu einer starken Dotierung mit Si (bis zu 10^{17} cm^{-3}). Da Si bei Kristallisation aus stöchiometrischer Schmelze normalerweise als Donator[1] eingebaut wird, entsteht somit n-leitendes Material mit einer Ladungsträgerkonzentration von $n_0 \simeq 10^{16} - 10^{17}$ cm^{-3}. Die Reaktion (1.4) und damit starke n-Leitung kann jedoch unter Zugaben von Ga_2O (bzw. Sauerstoff) unterdrückt werden. Die Konzentration von flachen Si-Donatoren kann hierdurch soweit herabgesetzt werden, daß auch hochohmiges GaAs entsteht (O_2 wird dann vermutlich als tiefer Donator in geringer Konzentration eingebaut).

Die kristallographische Orientierung wird durch den GaAs-Keim vorgegeben. Als Wachstumsrichtungen werden die $\langle 111 \rangle$ -(Ga-Seite) und die $\langle \overline{1}\overline{1}\overline{1} \rangle$ - (As-Seite) Richtung bevorzugt. Im allgemeinen ist jedoch die Qualität der nach diesem Verfahren hergestellten Einkristalle nur mäßig. Dieses Verfahren dient deshalb hauptsächlich zum Synthetisieren von GaAs und zum gleichzeitigen weiteren Reinigen (vgl. 2.2) des Ausgangsmaterials (Weiterverarbeitung vgl. 3.1.1.1). Ähnlich wie bei der Synthese und Kristallisation von GaAs wird bei der Herstellung von Indiumphosphid verfahren. Allerdings ist die Synthese von InP wesentlich komplizierter, da Phosphor, entsprechend dem Arsen bei GaAs, einen noch höheren Dampfdruck am Schmelzpunkt hat (740 Torr bei As und $1,6 \cdot 10^4$ Torr bei P).

----

[1]Silizium als Element der IV. Gruppe ist amphoter, d.h. es kann auf Ga-Plätzen (Donator) oder auf As-Plätzen (Akzeptor) in das GaAs-Gitter eingebaut werden. Der Übergang vom Donator- zum Akzeptorverhalten des Siliziums hängt vom As-Gehalt der Schmelze ab (vgl. 3.2.1).

2. Reinigung beim Erstarren einer Schmelze

Das von Pfann 1952 für die Höchstreinigung von Germanium entwickelte
Zonenreinigungsverfahren besitzt heute für die Reinstdarstellung von Halb-
leitereinkristallen die größte Bedeutung. Verunreinigungen, die bei der
Vorreinigung nicht erfaßt werden, können mit diesem Verfahren meist erheblich reduziert werden. Das Verfahren beruht darauf, daß die Löslichkeit eines Fremdstoffes in einem Halbleitermaterial in der flüssigen und
festen Phase im allgemeinen unterschiedlich ist. Eine schmale geschmolze-
ne Zone (Bild 3) wird langsam durch den Halbleiter bewegt. Der Verteilungskoeffizient der Verunreinigung ist definiert:

$$k = c_s/c_l \qquad . \qquad\qquad\qquad (2.1)$$

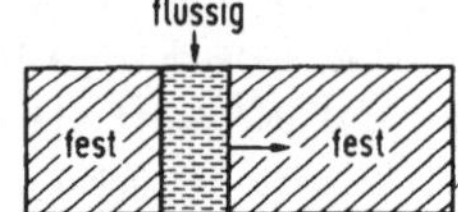

Bild 3:

Prinzip des Zonenreinigungsverfahrens

Dabei ist c_s bzw. c_l die Konzentration der Verunreinigung im festen
(solidus) bzw. flüssigen (liquidus) Zustand. Ist $k < 1$, wie bei den
meisten Halbleitern, so trägt die Schmelz-Zone die Verunreinigung nach
rechts. Der erstarrte Teil ist deshalb gereinigt, während das rechte
Ende eine Anreicherung von Fremdstoffen besitzt.

Den Verteilungskoeffizienten erhält man aus dem entsprechenden Phasendiagramm für das System Halbleiter-Fremdstoff.

2.1   Phasendiagramm binärer Systeme

Das Phasendiagramm eines einfachen binären Systems (Bild 4), das aus den
Komponenten A (Halbleiter, z. B. Si) und B (Verunreinigung) besteht, er-
klärt die Beziehungen, auf denen das Reinigen beim Erstarren einer Schmelze beruht. Die Schmelztemperatur der Komponente A soll dabei höher sein
als von B.

Addiert man zu A die Komponente B, so wird der Schmelzpunkt der mit A kon-
zentrierten Lösung erniedrigt. (Umgekehrt, wird zu B etwas A gegeben, so
erhöht sich der Schmelzpunkt der Lösung).

Bild 4:

Schematisches Phasen-
diagramm eines einfachen
binären Systems

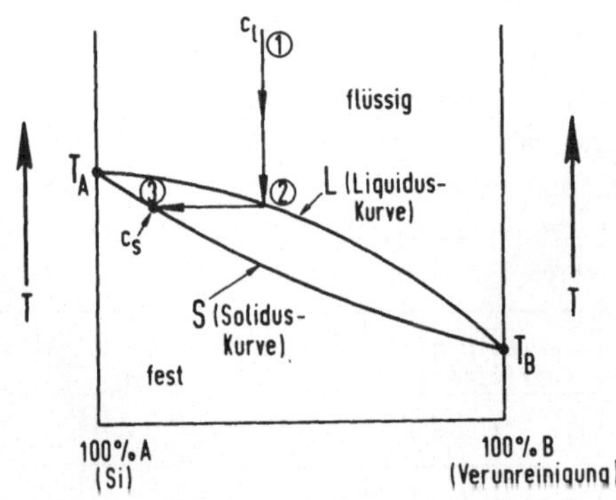

Wird nun eine Lösung der Zusammensetzung c_1 (Zustand (1)) bis zum Schmelzpunkt abgekühlt (2), so entsteht gemäß der Solidus-Kurve S in Bild 4 bei
der gleichen Temperatur eine feste Phase (3), bei der die Konzentration
c_s der Verunreinigung (B) kleiner als bei der flüssigen Phase c_1 ist, also
$k = c_s/c_1 < 1$. Einen Verteilungskoeffizienten $k < 1$ erhält man nach diesem
Phasendiagramm nur, wenn der Schmelzpunkt T_B der Verunreinigung niedriger
liegt als der des reinen Materials T_A (für B = Si und A = Verunreinigung
wäre nach Bild 4 $k > 1$). Bei vielen Systemen Si(Ge)-Verunreinigung besitzt
das Phasendiagramm einen eutektischen Punkt (Bild 5). Hierbei bewirkt

Bild 5:

Schematisches Phasen-
diagramm eines binären
Systems mit Eutektikum

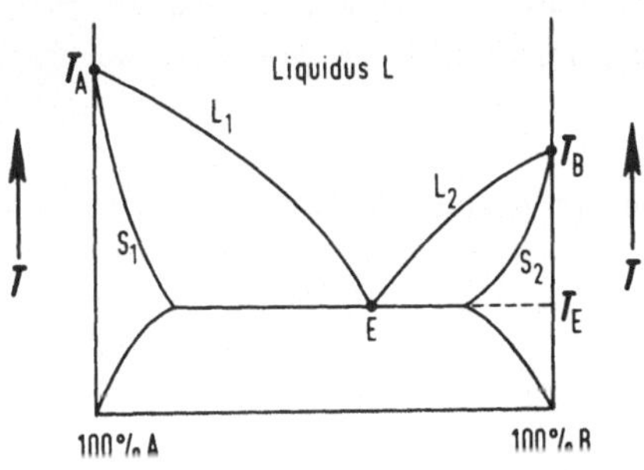

die Hinzufügung einer Komponente zu der anderen immer eine Verringerung
des Schmelzpunktes. Die Liquidus-Kurve (L_1, L_2) hat dann ein Minimum im
eutektischen Punkt E mit der eutektischen Temperatur T_E.

Hier ist, unabhängig von T_A und T_B, sowohl in der Umgebung von A als auch von B stets $k < 1$.

Im allgemeinen sind die Konzentrationen der Verunreinigungen sehr klein, so daß man sich bei der Halbleiterreinigung stets sehr nahe bei A befindet. Dann können Solidus- und Liquidus-Kurve als Gerade angenähert werden und der Verteilungskoeffizient k ist dann dementsprechend eine lineare Funktion der Temperatur beim Reinigungsprozeß.

	Verteilungs- koeffizient k	Atomradius [Å]	Störstellen- typ
Si	1	1,18	-
P	0,35	1,1	D
As	0,3	1,18	D
B	0,8	0,9	A
Cu	$4 \cdot 10^{-4}$	1,42	A
Au	$2,5 \cdot 10^{-5}$	1,6	A,D (amphoter)

Tabelle 1:

Verteilungs-koeffizient k und Atomradius einiger Fremdatome in Si

Zwischen Verteilungskoeffizient und Atomradius der Verunreinigung besteht nach Tabelle 1 ein enger Zusammenhang. Stoffe mit größerem Atomradius als der des Wirtsgitters werden nur mit geringerer Konzentration eingebaut (vgl. Cu und Au), während bei etwa gleichem Radius ein praktisch unbehinderter Einbau der in der Schmelze gelösten Fremdstoffe erfolgen kann. Deshalb müssen bei Si für Bor, Phosphor und Arsen die chemischen Vorreinigungsverfahren (1.1.2) besonders entwickelt werden, da der erreichbare Endreinigungsgrad des Halbleitermaterials durch Verunreinigungen mit Verteilungskoeffizienten in der Nähe von 1 gegeben ist. So ist z. B. das reinste zonen-gereinigte Silizium stets p-leitend, wobei die Akzeptorenkonzentration durch den noch verbleibenden Borpegel ($k = 0,8$) bestimmt ist.

Bei der Reinigung durch Kristallisation verunreinigter Schmelzen unterscheidet man den Vorgang der <u>einfachen Erstarrung</u> und den Vorgang der <u>Zonenerstarrung.</u>

2.2. Einfache Erstarrung

Beim Vorgang der einfachen Erstarrung wandert die Phasengrenze flüssig-fest an der Stelle x langsam nach rechts, und das Kristallvolumen (Temperatur T_1) nimmt auf Kosten der Schmelze (Temperatur $T_2 > T_1$) zu. Zur Ab-

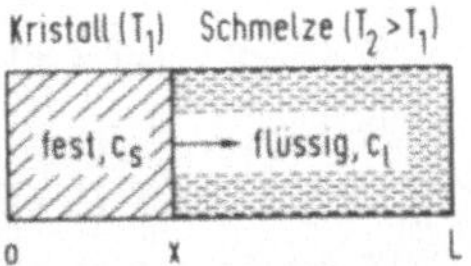

Bild 6:

Reinigung durch einfache Erstarrung

leitung der Konzentrationsverteilung der Verunreinigung werden folgende Annahmen gemacht:

   a) Homogene Verteilung der Verunreinigung in der Schmelze

   b) Keine Diffusion zwischen beiden Phasen

   c) Verteilungskoeffizient k unabhängig von der Konzentration

Die Ausgangskonzentration sei voraussetzungsgemäß konstant und gleich $c_{l_0} = c_0$ (vgl. Bild 7). Das Boot der Länge L ist vollständig mit Schmelze ausgefüllt.

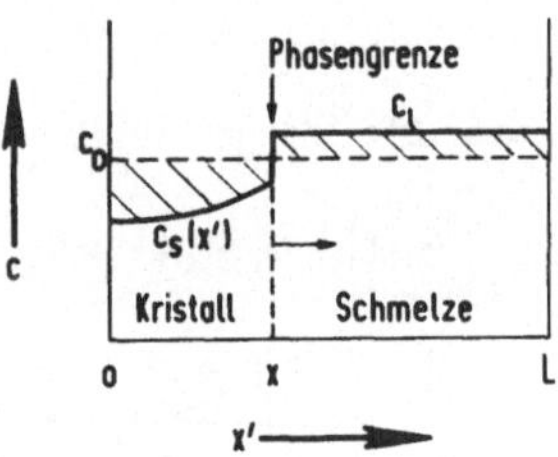

Bild 7:

Schematischer Konzentrations-
verlauf bei der einfachen
Erstarrung

Da die Gesamtkonzentration der Verunreinigung im Boot konstant ist, folgt aus der Flächengleichheit nach Bild 7 (schraffierte Fläche):

$$Lc_0 = \int_0^x c_s(x')\,dx' + \int_x^L c_1\,dx' \qquad . \qquad (2.2)$$

Darin ist $c_s(x')$ die Konzentrationsverteilung der Verunreinigung in der festen Phase. Die Verunreinigungskonzentration c_1 innerhalb der flüssigen Zone ist konstant. Deshalb folgt aus (2.2)

$$c_1(L-x) = Lc_0 - \int_0^x c_s(x') \, dx' \qquad\qquad . \qquad\qquad (2.3)$$

Da an der Phasengrenze bei $x' = x$ die Beziehung $c_s(x) = kc_1(x) = kc_1$ gilt, ergibt sich

$$(L-x)\, c_s(x) = k(Lc_0 - \int_0^x c_s(x')\, dx') \qquad . \qquad\qquad (2.4)$$

Die Integralgleichung (2.4) wird durch Differentiation nach x in eine einfache Differentialgleichung 1.Ordnung übergeführt:

$$\frac{dc_s}{dx} = (1-k)\,\frac{c_s}{L-x} \qquad\qquad , \qquad\qquad (2.5)$$

deren Lösung lautet:

$$\ln(c_s/A) = (k-1)\,\ln(1-x/L) \qquad\qquad (2.6a)$$

bzw.

$$c_s(x) = A(1-x/L)^{k-1} \qquad\qquad . \qquad\qquad (2.6b)$$

Die Integrationskonstante A wird aus der Randbedingung bei $x = 0$ bestimmt, wo

$$c_s(o) = A = kc_0 \qquad\qquad (2.7)$$

gelten muß. Die Lösung lautet somit

$$c_s(x) = kc_0(1-x/L)^{k-1} \qquad\qquad . \qquad\qquad (2.8)$$

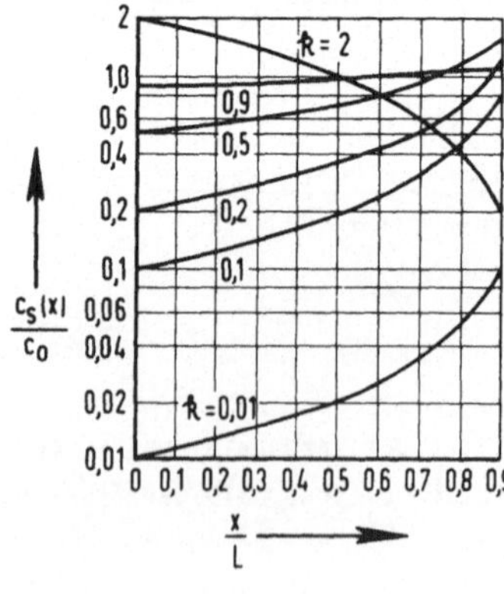

Bild 8:

Verlauf der Konzentration der Verunreinigung bei der einfachen Erstarrung als Funktion der Phasengrenze x für verschiedene Verteilungskoeffizienten k

Bild 8 zeigt den Verlauf $c_s(x)$ nach Gleichung (2.8) für verschiedene Verteilungskoeffizienten. Für $k < 1$ sieht man deutlich den zunehmenden Reinigungseffekt mit abnehmendem k. Auch die Anreicherung des erstarrten Bereiches mit Fremdstoffen für $k > 1$ geht deutlich aus Bild 8 hervor. Dieser Reinigungsvorgang gilt für Erstarrungsvorgänge, wie sie z. B. beim Bridgman - (vgl. 1.2.2) und beim Czochralski-Verfahren (vgl.3.1.1.1) auftreten.

2.3. Zonenerstarrung

Ganz andere Konzentrationsverteilungen erhält man, wenn eine Schmelzzone der Länge 1 durch einen Kristallbarren der Länge L gezogen wird (Bild 9).

Bild 9:

Reinigung durch Zonenerstarrung

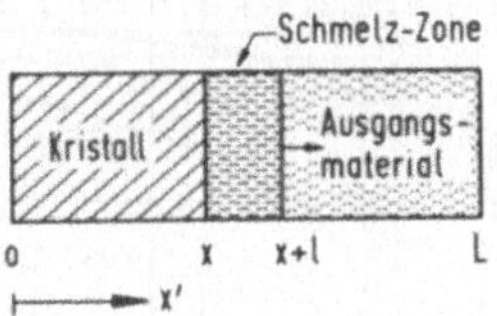

Es sollen auch hier dieselben Annahmen wie unter 2.2 gelten. Aus der Flächengleichheit ähnlich wie bei Bild 7 folgt:

$$(x+1)\ c_0 = \int_0^x c_s(x')\ dx' + \int_x^{x+1} c_1\ dx'$$

$$= \int_0^x c_s(x')\ dx' + c_1 1 \qquad . \tag{2.9}$$

An der Phasengrenze $x' = x$ gilt wieder $c_s(x) = kc_1$. In (2.9) eingesetzt und differenziert ergibt die Differentialgleichung

$$\frac{dc_s}{dx} = \frac{k}{1}\ (c_0 - c_s) \tag{2.10}$$

mit der Lösung:

$$c_s(x) = c_0 + Ae^{-kx/1} \qquad . \tag{2.11}$$

Die Randbedingung $c_s(o) = kc_0$ bei $x = 0$ ergibt für die Integrationskonstante $A = c_0 (k - 1)$ und somit für die Lösung:

$$c_s(x) = c_0 \left[1-(1-k)e^{-kx/1} \right] \quad . \qquad (2.12)$$

Für die Darstellung $c_s(x)$ in Bild 10 wird beispielsweise $L/1 = 10$ gesetzt, so daß der Exponent in (2.12)

$$\frac{kL}{1} \cdot \frac{x}{L} = 10k \cdot x/L$$

wird. Der Gültigkeitsbereich von (2.12) ist dann durch $0 \leq x \leq 0,9$ L gegeben, da der Einbau der Verunreinigungen im Gebiet $0,9$ L $\leq x \leq$ L dem Vorgang der einfachen Erstarrung unterliegt (vgl. Gl.(2.8)).

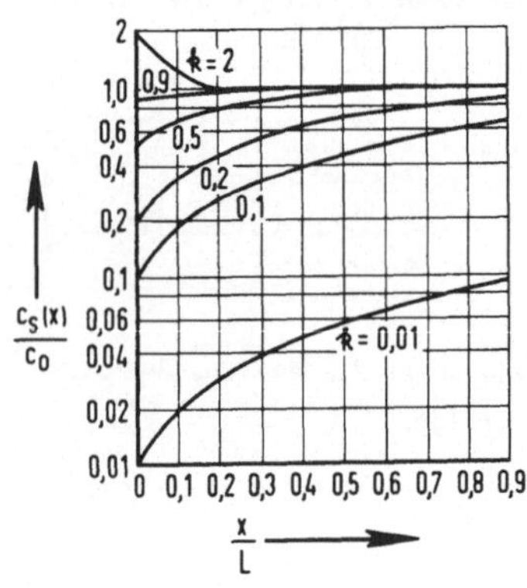

Bild 10:

Verlauf der Konzentration der Verunreinigung nach einem Zonendurchgang als Funktion der rekristallisierten Barrenlänge mit k als Parameter ($L/1 = 10$)

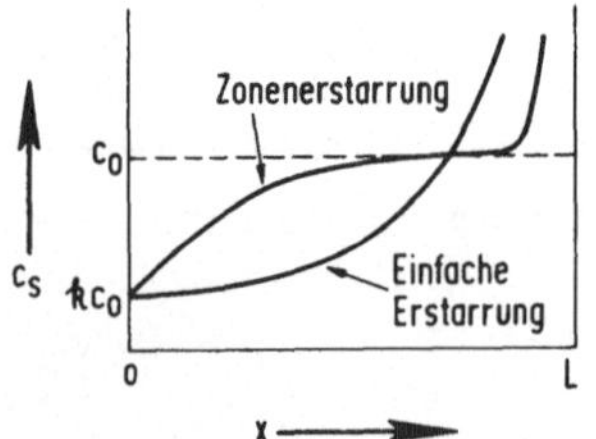

Bild 11:

Vergleich zwischen einfacher Erstarrung und Zonenerstarrung

Ein Vergleich der beiden Reinigungsprozesse in Bild 11 zeigt, daß bei der einfachen Erstarrung ein größerer Reinigungseffekt auftritt als bei der Zonenerstarrung. Der wesentliche Vorteil der Zonenerstarrung ist aber,

daß der Reinigungsprozeß mehrfach wiederholt werden kann. Die damit er-
zielbare wirksame Reinigung zeigt Bild 12, in dem die Konzentrationsverteilung bei festem Verteilungskoeffizienten k für zunehmende Anzahl der Durchläufe dargestellt ist. Nach einer großen Anzahl von
Zonendurchgängen stellt sich jedoch eine Konzentrationsverteilung ein,

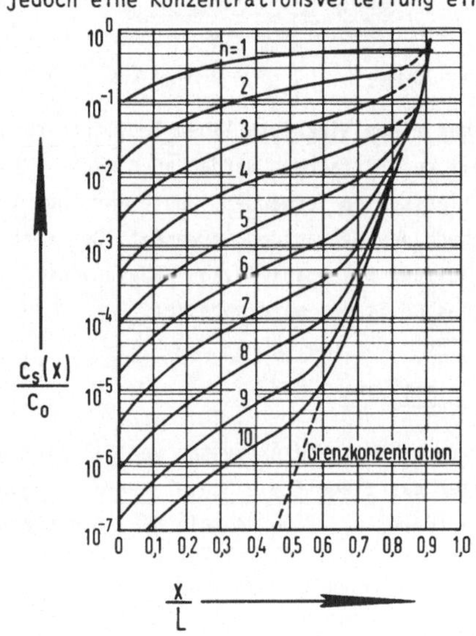

Bild 12:

Konzentrationsvertei-
lungen bis zum zehnten
Zonendurchgang für k =
0,1 und L/l = 10 bei
der Zonenerstarrung

die durch weitere Zonenschmelzprozesse nicht mehr verändert werden kann.
Die Zahl der hierfür benötigten Durchgänge ist nach Pfann [1] für
$k \lesssim 0,1$ näherungsweise $n_{grenz} \approx 1,5\, L/l$.

2.4. Ausführungsformen des Zonenschmelzverfahrens

2.4.1. Germanium

Bild 13 zeigt das klassische Zonenreinigen von Germanium im Boot nach
Pfann [1]. Der ganze Prozeß findet unter Schutzgasatmosphäre statt. Das
Boot, das das Germanium enthält, besteht z. B. aus Graphit. Es wird langsam durch die HF-Spule gezogen. Die Ziehgeschwindigkeit beträgt
1 - 10 cm/h. Mit diesem Verfahren kann man auch Einkristalle herstellen,

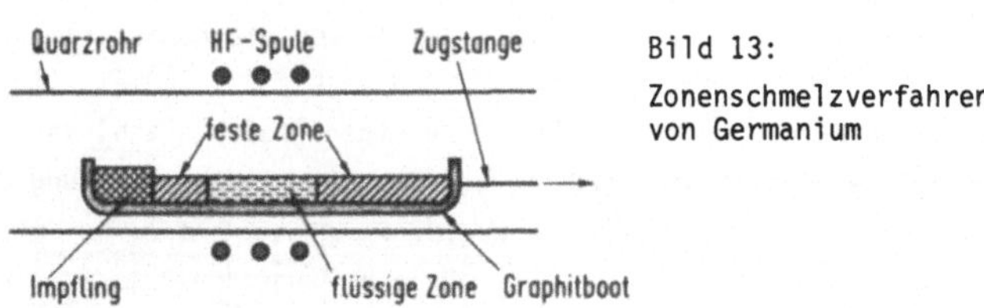

Bild 13:

Zonenschmelzverfahren
von Germanium

wenn man einen einkristallinen Impfling vorgibt. Zur Steigerung der Wirksamkeit des Verfahrens werden auch mehrere hintereinander angeordnete Induktionsspulen verwendet. Heute wird das Verfahren hauptsächlich zur Reinigung des Germaniums verwendet. Der Verunreinigungsgrad wird durch eine Messung des spezifischen Widerstandes kontrolliert. Das verunreinigte Ende des Ge-Stabes wird abgesägt.

2.4.2. Silizium

Wegen der chemischen Aktivität von Silizium gegenüber Quarz und Graphit muß hier das tiegelfreie Schmelzverfahren von Keck und Golay verwendet werden (Bild 14). Eine schmale HF-Spule erzeugt im senkrecht eingespannten

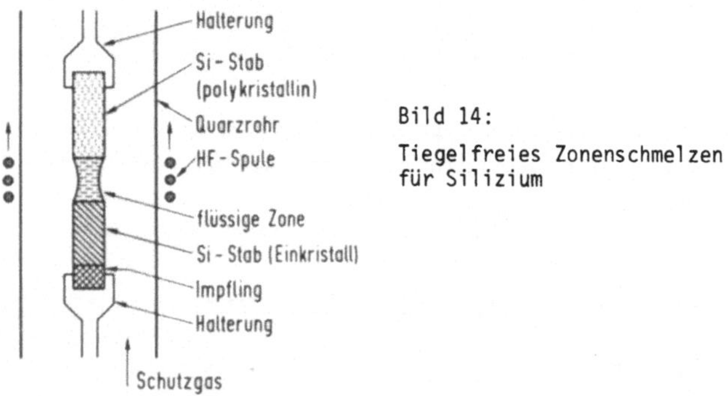

Bild 14:

Tiegelfreies Zonenschmelzen
für Silizium

polykristallinen Siliziumstab eine Schmelze, die durch die Oberflächenspannung in ihrer Lage gehalten wird, so daß sie nicht herausfließt. Die Länge der aufgeschmolzenen Zone beträgt bei relativ dicken Si-Stäben maximal nur etwa 17 mm. Der Prozeß beginnt an einem einkristallinen Impfling, der um seine Achse gedreht werden kann. Nach Verschmelzen des Impflings mit dem Vorratsstab wird die Schmelzzone langsam am Vorratsstab entlang gezogen (Ziehgeschwindigkeit 5 - 25 cm/h; Umdrehung 25 - 75 U/min). Es entsteht dabei ein Einkristall mit relativ gutem Kristallgitterbau. Mit diesem Verfahren kann sehr reines Silizium mit einer Ladungsträgerkonzentration in der Umgebung der Eigenleitungskonzentration ($n_i \simeq 2 \cdot 10^{12} cm^{-3}$) hergestellt werden. Der Nachteil im Vergleich zum Bootziehen (vgl.2.4.1) besteht darin, daß bei jedem Zonendurchgang nur eine Schmelzzone möglich ist.

2.4.3. Galliumarsenid

Auch bei GaAs wird tiegelfreies Zonenschmelzen angewendet, um eine Verunreinigung durch das Tiegelmaterial zu vermeiden. Mit dieser Methode kann relativ hochohmiges GaAs hergestellt werden.

Die Ziehapparatur ist ähnlich wie beim Silizium (Bild 14). Es müssen jedoch wie beim Bridgman-Verfahren (1.2.2) zur Aufrechterhaltung des für die Stöchiometrie der Schmelze notwendigen As-Dampfdruckes entsprechende Vorkehrungen getroffen werden (z. B. durch As-Reservoir mit konstanter Temperatur).

Einkristallines Wachstum wird vorteilhaft erreicht, wenn die $\langle \overline{111} \rangle$-Richtung (As-Seite) des GaAs-Keimes der Schmelze zugewandt ist. Die Ziehgeschwindigkeit beträgt dann etwa 12 cm/h. Die Konzentration der Kristallbaufehler ist bei dieser Methode jedoch erheblich höher als bei den nach anderen Verfahren (vgl. 3.1.1.1) hergestellten GaAs-Einkristallen.

3. Methoden der Einkristall-Herstellung

Mitunter ist es bereits bei der Höchstreinigung der Halbleitermaterialien (Abschnitt 2) möglich, Halbleitereinkristalle von so hoher Kristallqualität herzustellen, wie sie für die Bauelementfertigung erforderlich ist. In diesem Abschnitt werden die drei wichtigsten Methoden der Einkristallzüchtung beschrieben, nämlich

Wachstum aus der Schmelze

Wachstum aus der Lösung

Wachstum aus der Gasphase

wobei insbesondere bei den beiden letztgenannten Methoden auf die für die Halbleiter-Technologie wichtig gewordene Epitaxie eingegangen wird.

Es ist das Ziel bei der Halbleiter-Einkristallherstellung,Einkristalle mit möglichst hoher Kristallperfektion zu züchten, da Kristallbaufehler, wie z. B. Versetzungen und Korngrenzen,die Lebensdauer und Beweglichkeit der Ladungsträger stark herabsetzen können.

3.1. Wachstum aus der Schmelze

Die Kristallherstellung durch Wachstum aus der Schmelze ist das wichtigste Verfahren zur Darstellung technischer Einkristalle mit großen Abmessungen.

3.1.1. Ziehen aus der Schmelze

3.1.1.1. Tiegelziehen (Czochralski - Verfahren)

In einem Graphitblock, der durch eine HF-Spule beheizt wird, befindet sich

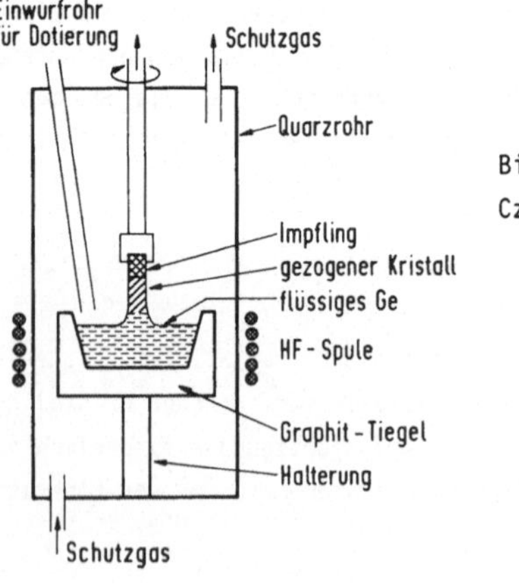

Bild 15:

Czochralski-Verfahren für Ge

die Schmelze (Bild 15). Aus dieser wird der Einkristall nach oben wegge-
zogen. Die Kristallorientierung wird durch einen Impfling vorgegeben. Das
Verfahren findet entweder im Vakuum oder unter Schutzgas statt. Für eine
bessere Durchmischung der Schmelze und zur Aufrechterhaltung einer symme-
trischen Temperaturverteilung in der Schmelze läßt man den wachsenden
Kristall und den Tiegel rotieren.

Obwohl auch für Si durchgeführt, wird das Czochralski-Verfahren wegen der
Anwesenheit des Tiegels heute hauptsächlich für Ge angewendet. Damit können Einkristalle mit Durchmessern bis zu 10 cm hergestellt werden. Ausgangsmaterial ist hierfür zonengereinigtes Germanium. Die Ziehgeschwindigkeit beträgt 3 bis 18 cm/h, die Rotation 20 - 120 U/min.

Das Verfahren hat aber den Nachteil, daß keine gleichmäßige axiale Dotierung des Ge-Einkristalls möglich ist, weil mit wachsendem Kristall und abnehmendem Volumen der Schmelze sich die Dotierungskonzentration nach dem
Gesetz der einfachen Erstarrung (vgl. 2.2 und Bild 8) immer stärker in der
Schmelze und damit im Restkristall anhäuft. Einen Ausweg bietet das soge-
nannte Schwimmtiegel-Verfahren (Bild 16). Der Einkristall wird dabei aus

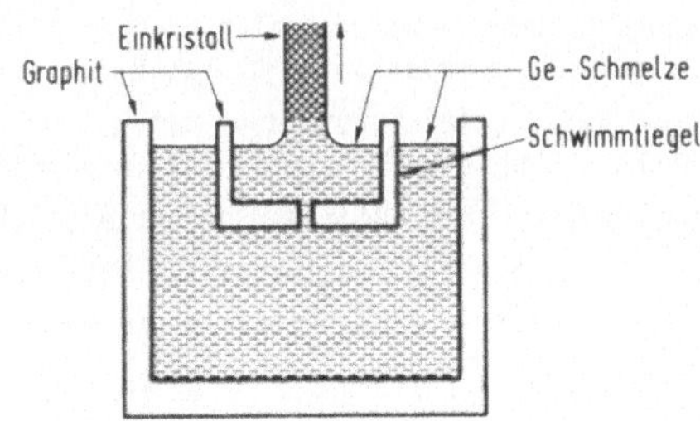

Bild 16:
Schwimmtiegel-Verfahren

einem kleineren Tiegel gezogen, der in der Schmelze schwimmt. Dieser
Schwimmtiegel hat im Boden ein kleines Loch, durch welches Schmelze aus
dem großen Graphit-Tiegel nachlaufen kann. Dieses Loch ist jedoch so eng,
daß die Rückdiffusion der Dotierungsstoffe aus dem kleinen in den großen
Tiegel vernachlässigbar ist. Während des Kristallisationsprozesses bleibt
daher das Volumen der Schmelze im Schwimmtiegel konstant. Somit erreicht
man einen gleichmäßigen axialen Widerstandsverlauf im Einkristall.

Bei entsprechender Abwandlung kann das Czochralski - Verfahren auch
zum Kristallziehen von zersetzlichen III - V - Verbindungen,insbesondere
von GaAs,verwendet werden. Beim Gremmelmeier - Verfahren wird zur Aufrechterhaltung des notwendigen Dampfdruckes der flüchtigen Komponente die
Ziehvorrichtung mit Impfkristall und Schmelztiegel (und evtl. As-Reservoir) in einem geschlossenen Quarzrohr untergebracht. Die Übertragung der
Ziehbewegung erfolgt über einen starken Magneten.

Als Tiegelmaterial kommen neben Quarz und Graphit Aluminiumnitrid, Aluminiumoxid, pyrolitsches Bornitrid, Berylliumoxid und Magnesiumoxid zur Anwendung. Bei Verwendung von Quarz ist jedoch mit einer Verunreinigung des
GaAs mit Silizium von etwa $10^{17} cm^{-3}$ zu rechnen. Graphit ("vitreous carbon"
bzw. "glassy carbon") und Aluminiumnitrid ist als Tiegelmaterial besonders
gut geeignet. Mit letzterem können GaAs-Kristalle mit sehr geringer Donatorenkonzentration und hoher Elektronenbeweglichkeit gezogen werden, da
der Einbau von Aluminium offenbar ohne merklichen Einfluß auf die elektrischen Eigenschaften des Galliumarsenids ist.

Eine weitere elegante Variante des Ziehverfahrens macht von der Möglichkeit Gebrauch, die Stöchiometrie der GaAs-Schmelze durch eine auf der
Schmelze schwimmende Schutzschicht aus z. B. Bortrioxid aufrechtzuerhal-
ten ("liquid encapsulation"). Dieses Verfahren wird bei der GaAs- und insbesondere bei der InP-Herstellung mit gutem Erfolg angewendet.
Das Ziehen von GaAs-Einkristallen ergibt besonders gute Resultate, wenn
der Impfling in $\langle \bar{1}\bar{1}\bar{1} \rangle$ -Richtung orientiert ist, d. h. wenn die Arsenseite
des Keimes der Schmelze zugewandt ist. Die Ziehgeschwindigkeit beträgt
0,2 bis 2 mm/min mit einer Rotation von 10 bis 20 U/min.

3.1.1.2. Tiegelfreies Zonenziehen

Dieses Verfahren wurde eingehend unter 2.4 beschrieben. Es wird hauptsäch-
lich für Silizium angewendet. Neben der Höchstreinigung bei Vermeidung der
Berührung der Schmelze mit dem Tiegelmaterial wird auch eine ausreichende
Qualität der Si-Einkristalle erzielt.

3.1.1.3. Herstellung von versetzungsfreien Halbleitern

Die kristallographisch wichtigsten Gitterstörungen in Einkristallen sind
Versetzungen. Bei diesen Kristallbaufehlern ziehen sich infolge der Unter-
brechung von Gitterebenen Ketten von Fehlstellen durch das Kristallgitter
hindurch. So entstehen z. B. <u>Stufenversetzungen</u> in einem kubisch primiti-
ven Gitter durch eine zusätzliche Gitterhalbebene, die in ein an sich per-
fektes Gitter nach Bild 17 von oben hereingedrückt wird. Dadurch ergibt

Bild 17:

Schema einer Stufenversetzung

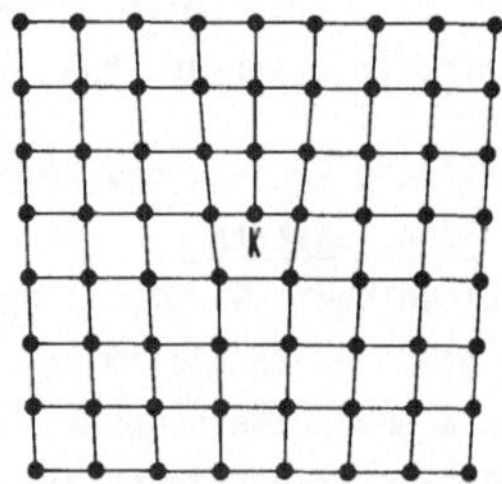

sich eine Fehlordnung, weil das unterste Atom K der Extraebene keinen
gegenüberliegenden nächsten Nachbarn hat. Die Linie durch K (senkrecht
zur Zeichenebene) heißt eine <u>Versetzungslinie</u>. Durch "Umschnappen" kann
eine solche Stufenversetzung durch den Kristall gleiten, ohne daß eine
große Bewegung der einzelnen Atome erforderlich ist (die Verformbarkeit
der Metalle durch Hämmern beruht z.B. auf diesem Effekt).Neben der Stufenversetzung gibt es auch die <u>Schraubenversetzung</u>, wo die Gitterebenen
so verzerrt sind, daß sie die Versetzungslinie auf einer Schraubenfläche
schraubenförmig umlaufen. Versetzungen entstehen in erster Linie beim Herstellen der Kristalle durch plastische Deformation des Gitters infolge
von Wärmespannungen.
Weil das Gitter an Versetzungen wegen der fehlenden Bindung bevorzugt an-
gegriffen wird, bestimmt man die Versetzungsdichte durch Anätzen der Oberfläche des Halbleitermaterials (vgl. 4.2.5.2) und durch Auszählen der dabei entstehenden, für die Versetzungen typischen Ätzfiguren.

Es gilt als gesichert,daß bei hohen Versetzungsdichten (etwa $> 10^6$ 1/cm^2)
die Lebensdauer der Minoritätsträger umgekehrt proportional mit der Versetzungsdichte abnimmt (bei kleinen Versetzungsdichten tritt ihr Einfluß
gegenüber dem von Fremdatomen zurück). Darüberhinaus vermögen Versetzungslinien im besonderen Maße Ladungsträger oder Ionen einzufangen. Unter die-

sen Umständen können Versetzungslinien einen relativ großen Effekt auf
die Herabsetzung der Beweglichkeit (Streuung der Ladungsträger an geladenen Störstellen) ausüben.

Die Versetzungsdichte ist deshalb so klein wie möglich zu halten. Dies
gilt besonders für das Halbleiter-Substratmaterial für die Epitaxie (vgl.
3.2.1, 3.3.1 und 3.3.2), weil sich die im Substrat enthaltenen Versetzungen in der aufgewachsenen epitaxialen Schicht fortpflanzen. Bei dem üblicherweise für Transistoren verwendeten Silizium ist beispielsweise eine
Versetzungsdichte von 10^3 bis 10^4 pro cm^2 zulässig.

Die Herstellung versetzungsfreien Siliziums und Galliumarsenids geschieht
nach dem Dünnziehverfahren. Mit einem dünnen Impfling, der noch Versetzungen enthalten darf, wird bei hoher Ziehgeschwindigkeit (etwa 3 cm/min) ein
Dünnstab gezogen. In diesem setzen sich zunächst die Versetzungen fort.
Wegen der angewandten hohen Ziehgeschwindigkeit können die Versetzungen
jedoch der Erstarrungsfront nicht folgen und wandern an die Oberfläche,
wo sie enden. Es entsteht ein versetzungsfreier Einkristall, dessen
Durchmesser nun auch durch Erniedrigung der Ziehgeschwindigkeit wieder
vergrößert werden kann, ohne daß erneut Versetzungen entstehen.

Wie bereits erwähnt wurde, werden Fremdatome bevorzugt an Versetzungen
eingebaut. Diese Tatsache wird zur Sichtbarmachung von Versetzungslinien
ausgenützt. Wird nämlich Silizium mit Kupfer dotiert, das an die Orte der
Versetzungen wandert, so werden die Versetzungen "dekoriert". Silizium
ist für Infrarot durchlässig, Kupfer dagegen nicht. Beim Durchstrahlen
mit Infrarot erscheinen daher die Versetzungen als schwarze Linien auf
dem Bildschirm eines Infrarot-Bildwandlers.

Versetzungsfreie oder versetzungsarme Silizium-Einkristalle haben Bedeutung für großflächige ebene pn-Übergänge, wenn, wie z. B. bei Leistungsdioden, eine hohe Lebensdauer gefordert wird. Auch für die räumliche Homogenität von Lawinendurchbrüchen, die für Lawinenlaufzeit -Dioden und für
Lawinen-Photodioden von großer Bedeutung sind, muß die Versetzungsdichte
gering sein. Den grundsätzlichen Vorteilen versetzungsfreien Materials
stehen jedoch Schwierigkeiten bei dessen Weiterverarbeitung zu Bauelementen gegenüber, da hierbei ohne besondere Vorkehrungen leicht neue Versetzungen entstehen.

3.1.1.4. Dotierung

Unter Dotierung versteht man den gezielten Einbau von Fremdstoffen in die Kristallstruktur des Halbleitermaterials. Die Dotierung von Halbleitermaterialien ist ein wichtiger Schritt bei der Herstellung von Halbleiter-Einkristallen. Je nach Verwendungszweck werden in der Bauelementfertigung n- oder p-leitende Kristalle mit sehr unterschiedlicher Dotierungskonzentration gefordert (die entsprechende Ladungsträgerkonzentration kann im Bereich zwischen 10^{13} bis 10^{18} cm^{-3} sein). Auch der Einbau von Rekombinationszentren mit vorgegebener Konzentration ist für bestimmte Bauelemente, wie z. B. Schaltdioden, von Bedeutung. Der spezifische Widerstand ϱ eines Halbleiters mit Elektronen und Löchern ist

$$\varrho = \frac{1}{q(\mu_n n + \mu_p p)} \quad . \tag{3.1}$$

Darin ist q die Elementarladung, n,p die Elektronen- bzw. Löcherkonzentration und μ_n, μ_p die Beweglichkeit der Elektronen bzw. Löcher. Für n- bzw. p-leitendes Material (n >> p bzw. p >> n) wird aus (3.1)

$$\varrho_n \approx 1/q\mu_n n \tag{3.2a}$$

$$\varrho_p \approx 1/q\mu_p p \quad . \tag{3.2b}$$

Der Zusammenhang zwischen n bzw. p und der Konzentration der ionisierten Donatoren N_D und Akzeptoren N_A wird bei gegebener Temperatur aus der Bedingung der Ladungsträgerneutralität des Halbleiters (z. B. $n + N_A = p + N_D$) und der Besetzungswahrscheinlichkeit der Störstellen hergestellt. Im allgemeinen ist die Zahl der ionisierten Störstellen nicht gleich der Zahl der eingebauten Störstellen. Deshalb kann die Ladungsträgerkonzentration verschieden von der Störstellenkonzentration sein.

Bei Zimmertemperatur und Konzentrationen kleiner als etwa 10^{19} cm^{-3} besetzt bei den gebräuchlichsten Dotierelementen jeweils ein Dotierelement eine Gitter-Leerstelle. Die Mehrzahl dieser Störstellen ist dann ionisiert und trägt somit zum spezifischen Widerstand bei.

In Bild 18 ist der gemessene spezifische Widerstand als Funktion der Dotierungskonzentration in einem weiten Bereich dargestellt. Für den Fall,

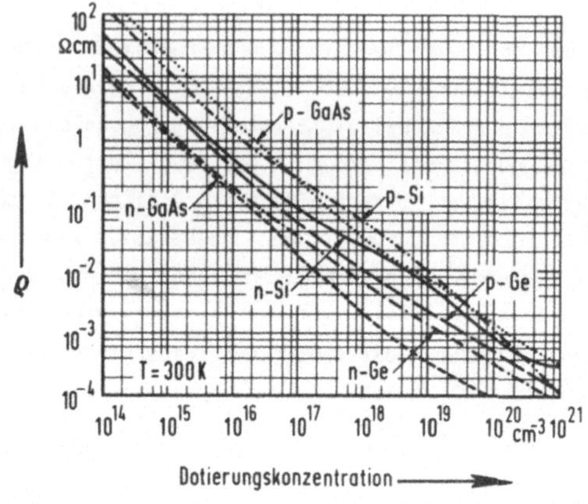

Bild 18:

Spezifischer Widerstand ϱ als Funktion der Dotierungskonzentration für Si, Ge und GaAs bei 300 K

daß im Halbleitermaterial sowohl Donatoren als auch Akzeptoren eingebaut sind, stellt die Abzisse in Bild 18 den Überschuß $|N_D - N_A|$ dar. (Voraussetzung ist jedoch, daß die Gesamtkonzentration der Störstellen $N_A + N_D$ genügend klein ist, so daß der Einfluß der Ladungsträgerstreuung an geladenen Störstellen $N_A + N_D$ vernachlässigbar ist und damit die Beweglichkeit weitgehend unabhängig von $N_A + N_D$ ist.)

Element	Aktivierungs-energie [eV]	Verteilungs-koeffizient	Störstellen-typ
B	0,045	0,8	A
Ga	0,065	0,008	A
Al	0,057	0,002	A
In	0,16	$4 \cdot 10^{-4}$	A
P	0,044	0,35	D
As	0,049	0,3	D
Sb	0,039	0,23	D

Tabelle 2: Energetische Lage im verbotenen Band und Verteilungskoeffizient der wichtigsten Störstellen in Si

In Tabelle 2 und 3 ist die Aktivierungsenergie [1], der Verteilungskoeffizient und der Störstellentyp der wichtigsten Störstellen in Si und GaAs aufgeführt (weitere Störstellen vgl. 9.3). Bei Si wirken die Elemente

Element	Aktivierungs-energie [eV]	Verteilungs-koeffizient	Störstellen-typ
Zn	0,029	0,4	A
Mg	0,03	0,2	A
Cd	0,035	0,02	A
Se	0,0059	1 - 5	D
Te	0,0058	0,35	D
Si	0,0059 0,035	$6,2\text{-}8,3\cdot10^{-2}$	D A
Ge	0,0061 0,038	$8,3\cdot10^{-3}$	D A
Sn	0,006 0,2	$1\cdot10^{-4}$ $2\cdot10^{-3}$	D A
Fe	0,37; 0,52	$2\cdot10^{-3}$	A
Cr	0,7	$1\text{-}10\cdot10^{-5}$	A
O	0,63	$3\cdot10^{-4}$	D

Tabelle 3: Energetische Lage im verbotenen Band und Verteilungskoeffizient der wichtigsten Störstellen in GaAs

der III. Gruppe des periodischen Systems als Akzeptoren, die der
V. Gruppe als Donatoren. Bei Galliumarsenid erfolgt die Substitution im
Teilgitter, also über Leerstellen im Ga- bzw. As-Teilgitter. Dabei sub-
stituieren Elemente der II. Gruppe des periodischen Systems (Zn, Cd)
Ga-Atome und wirken als Akzeptoren. Die Elemente der VI. Gruppe des
periodischen Systems (Se, Te) substituieren Arsenatome und wirken als
Donatoren.

Die Elemente der IV. Gruppe (Si, Ge, Sn) sind amphoter. Sie können auf
Ga-Plätzen oder auf As-Plätzen eingebaut werden. Silizium wird jedoch
normalerweise vorwiegend als Donator eingebaut (vgl. 1.2.2). Bei nicht-
stöchiometrischer Schmelze mit Ga-Überschuß (vgl. 3.2.1) kann durch Si-

---

[1] Donatorniveaus (D) sind von der unteren Kante des Leitungsbandes,
Akzeptorniveaus (A) von der oberen Kante des Valenzbandes gemessen.

Dotierung auch p-leitendes Material hergestellt werden. Ge wird bei der Kristallisation aus der stöchiometrischen Schmelze zu nahezu gleichen Teilen auf Donator- und Akzeptor-Plätzen eingebaut. Es resultiert stark kompensiertes n-GaAs. Bei Zinn erfolgt der Einbau stark überwiegend auf Ga-Plätzen, d. h. Zinn wirkt vorwiegend als Donator.

Die Dotierung mit tiefliegendem Fe, Cr oder O wird meist zur Herstellung von hochohmigem (semi-isolierendem) GaAs verwendet, wobei die restlichen flachen Störstellen kompensiert werden.

Oft ist es wünschenswert, den Dotierungsgehalt nicht in $Atome/cm^3$, sondern als Gehalt in ppb (parts per billion) anzugeben, d. h. als Zahl der Dotierungsatome pro 10^9 Atome.
Da 1 Mol irgendeines Stoffes $6 \cdot 10^{23}$ Atome enthält, hat z. B. 1 Kubikzentimeter Silizium

$$\frac{6 \cdot 10^{23} \ 2,3 \ (\text{Dichte von Si})}{28 \ (\text{Si-Atomgewicht})} = 5 \cdot 10^{22} \ Atome/cm^3$$

Deshalb ist bei Si:

$$1 \ ppb = 5 \cdot 10^{13} \ Atome/cm^3 \ \text{in Si} \tag{3.3}$$

Beispiel: Eine Si-Probe enthält 30 ppb Phosphor (Donator) und 10 ppb Bor (Akzeptor). Wie groß ist der spezifische Widerstand?

Der überschüssige Dotiergehalt ist 20 ppb vom n-Typ. Dies entspricht nach (3.3) 10^{15} $Atome/cm^3$. Aus Bild 18 folgt aus der Kurve für n-Si ein spezifischer Widerstand von etwa 4,5 Ω cm.

Die Zuführung der Dotierstoffe in die Schmelze ist je nach Verfahren verschieden: Beim Tiegelziehverfahren (3.1.1.1) werden genau berechnete Mengen eines Stoffes in Form von Pillen zugeführt. Beim Schmelzzonenverfahren für Si (2.4.2) werden z. B. die Donatoren P, As und Sb als flüchtige Verbindungen an die Schmelze herangeführt.

Von einem dotierten Einkristall wird gefordert, daß die Störstellenkonzentration und damit der spezifische Widerstand bis auf wenige Prozent Abweichung im größten Teil des Kristalls konstant ist. Die Konzentrationsverteilung der Störstellen folgt je nach Herstellungsverfahren der Einkristalle entweder dem Gesetz der einfachen Erstarrung (Gl.(2.8) und Bild 8; Czochralski - Verfahren 3.1.1.1) oder dem der Zonenerstarrung (Gl. (2.12) und Bild 10; tiegelfreies Zonenziehen 3.1.1.2). In beiden Fällen hängt die Homogenität der Dotierung wesentlich von der Größe des Verteilungskoeffizienten (vgl. Tabelle 2 und 3) ab.

3.2. Wachstum aus der Lösung

Das Wachstum von Einkristallen aus der Lösung tritt bei der Epitaxie aus der flüssigen Phase auf. Epitaxie (aus den griechischen Wurzeln epi = auf und taxis = Anordnung) bedeutet Kristallwachstum, wenn z. B. Atome in der flüssigen Phase (oder gasförmigen Phase, vgl. 3.3) auf einem einkristallinen Substrat kondensieren und eine einkristalline aufgewachsene Schicht bilden, deren Orientierung durch die des Substrats gegeben ist.

Epitaxie ist ein relativ neuer Zweig der Halbleiter-Technologie, der gerade für aktive Dünnfilm-Bauelemente bedeutsam geworden ist. Man unterscheidet zwischen Homöo-Epitaxie (die Aufwachsschicht ist aus dem gleichen Material wie das Substrat) und Hetero-Epitaxie (die Aufwachsschicht und das Substrat sind verschieden).

3.2.1. GaAs-Epitaxie aus der flüssigen Phase

Bei diesem Verfahren [2] befindet sich das GaAs-Substrat am Boden des oberen Endes des Graphit-Schiffchens (Bild 19a). Am unteren Ende des Schiffchens ist die Schmelze (z. B. Gallium, Zinn, Blei) mit GaAs.

Das gegen die Horizontale geneigte Quarzrohr befindet sich in einem Ofen. Durch das Quarzrohr wird H_2 als Schutzgas geleitet. Wird die Temperatur bis zu etwa $900^{o}C$ (Bild 19b) erhöht, dann ist die Schmelze mit GaAs gesättigt. Erfolgt die Sättigung der Schmelze durch entsprechende GaAs-Einwaage im Überschuß, dann beginnt das epitaxiale Wachstum unmittelbar nach Überschreiten des Temperaturmaximums. Dazu wird der ganze Ofen gekippt, so daß die gesättigte Schmelze das Substrat bedeckt. Danach wird die Temperatur langsam erniedrigt. Dies bewirkt eine Ausscheidung von GaAs aus der Lösung, und es erfolgt epitaxiales Wachstum auf dem Substrat. Wenn die gewünschte Dicke der abgeschiedenen Schicht erreicht ist, wird durch Zu-

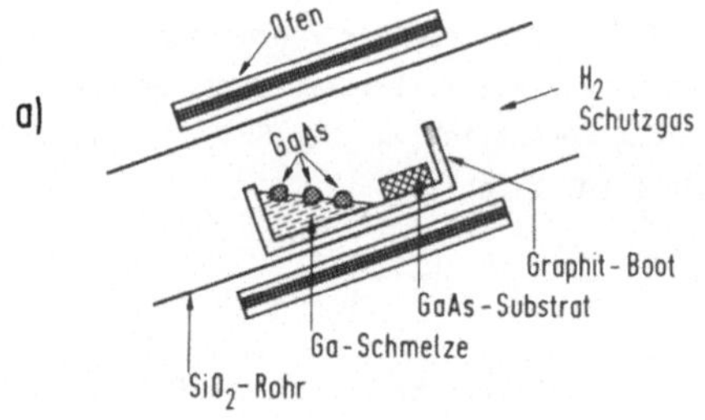

Bild 19:

GaAs-Epitaxie aus der flüssigen Phase (Nelson [2])

a) Apparatur mit Kippofen
b) Temperaturzyklus

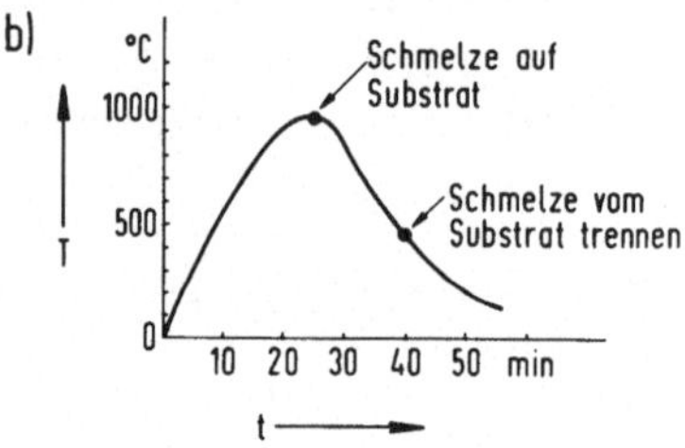

rückkippen die Lösung vom Substrat getrennt (vgl. Bild 19b).

Um gutes Wachstum zu erreichen, ist es wünschenswert, die Oberfläche des Substrats unmittelbar vor dem epitaxialen Wachstum geringfügig abzutragen. Saubere und ebene Substratoberflächen werden erzielt, wenn man die Lösung bereits vor Erreichen der Maximaltemperatur mit dem Substrat in Berührung bringt. Dadurch wird eine dünne GaAs-Schicht vom Substrat gelöst und man erhält somit besonders saubere Grenzflächen zwischen Substrat und epitaxialer Schicht.

Heute wird überwiegend ein Mehrkammer - Schiebeverfahren [3] bei der Flüssigphasenepitaxie verwendet. Dabei werden die in verschiedenen Kammern befindlichen Schmelzen nacheinander über das Substrat geschoben, wodurch bei geeigneter Abkühlung die einzelnen Schichten aufwachsen. Dieses Verfahren wird bei der GaAs/GaAlAs und InP/InGaAsP zur Herstellung von Injektionslasern und LED's mit Doppelheterostrukturen benutzt.

Zur Herstellung dotierter Schichten wird der Schmelze eine entsprechende Menge Tellur, Zinn, Zink, Silizium oder Magnesium (vgl.Tabelle 3) beige-

mengt. Da Zinn ein Donator ist, ergibt sich bei Zinn als Lösungsmittel
stets n-leitendes epitaxiales GaAs mit einer Elektronenkonzentration bis
zu $5 \cdot 10^{17} \text{cm}^{-3}$. Ist z. B. das Substrat p-leitend, so erhält man damit
einen <u>abrupten pn</u> - Übergang durch den Aufwachsprozeß. Freie Wahl des
Leitungscharakters erreicht man mit einer Lösung in Ga. So ergibt z. B.
eine Schmelze aus 4,5 g Ga + 0,7 g GaAs durch Zusatz von 0,01 g Te
n-Leitung, während bei einem Zusatz von 0,1g Zn p-Leitung resultiert.

Silizium, das bei der Kristallisation aus stöchiometrischer Schmelze stets
als Donator wirkt, kann bei der nichtstöchiometrischen Schmelze der Epitaxie aus der flüssigen Phase sowohl als Donator als auch als Akzeptor
wirken (vgl. 3.1.1.4). Der Übergang vom Donator- zum Akzeptorverhalten erfolgt, wenn der As-Gehalt der Schmelze 5 Atom % As unterschreitet, d. h.
wenn nach Bild 20 die Sättigungstemperatur unter 900° C absinkt. Somit
kann man aus einer Si-haltigen GaAs-Schmelze pn-Übergänge herstellen, wenn

Bild 20:

Phasendiagramm des
Ga-As-Systems

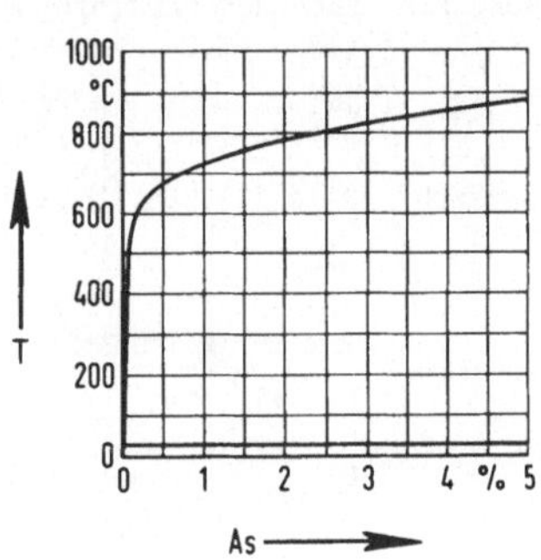

die Abscheidung oberhalb 900°C beginnt (n-Leitung) und unterhalb 900°C
endet (p-Leitung).

Der große Vorteil der Epitaxie ist, daß die Arbeitstemperatur erheblich
geringer als bei der Kristallisation aus der stöchiometrischen Schmelze
ist. Deshalb wird die Aufnahme von Verunreinigungen aus der Umgebung (z.B.
Tiegel und Substrat) durch Diffusion erheblich eingeschränkt. Die Epitaxie-Verfahren (vgl. auch 3.3.1 und 3.3.2) sind deshalb besonders geeignet zur Herstellung hochreiner Schichten mit guten Kristalleigenschaften.
Wegen der erreichbaren hohen Dotierung wird die Epitaxie aus der flüssigen

Phase nicht nur zur Herstellung abrupter Übergänge in GaAs und GaAs-Misch-
kristallen (vgl. 3.3.2) verwendet, sondern auch zur Erzeugung hochdotier-
ter Übergangszonen zwischen Metallkontakt und geringdotierter epitaxialer
Schicht, also von M n^+n- Strukturen (z.B. bei Gunn-Elementen; vgl. 5.6.3.4)
und auch von M p^+p- Strukturen (z.B. bei Injektionslaser-Strukturen; vgl.
3.3.2).

3.3 Wachstum aus der Gasphase

3.3.1. Silizium-Epitaxie aus der Gasphase

Zur Erzeugung einkristalliner, epitaxialer Siliziumschichten werden bevorzugt gasförmige Si-Halogenide verwendet, wie z.B. Siliziumtetrachlorid
($SiCl_4$), Trichlorsilan[1] ($SiHCl_3$) oder Silan (SiH_4). Mit Wasserstoff
(zugleich als Trägergas) erfolgt bei etwa 1240°C durch Reduktion die
Si-Abscheidung z.B. nach der Bruttoformel:

$$SiCl_4 + 2H_2 \longrightarrow Si + 4\ HCl \qquad\qquad (3.4)$$

in einem Quarzrohr (Bild 21). Durch Variation der Mischungsverhältnisse

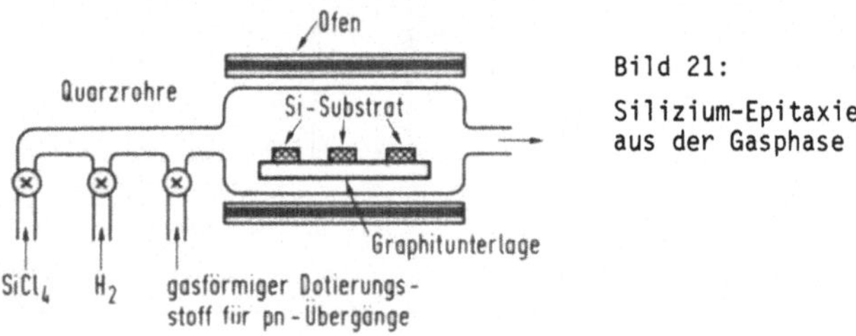

Bild 21:
Silizium-Epitaxie
aus der Gasphase

der Gase läßt sich der Vorgang (3.4) auch umkehren. Man kann daher in einem Arbeitsgang zunächst Silizium (und den stets vorhandenen natürlichen

----

[1] Im Prinzip ist der unter 1.1.3 beschriebene Trichlorsilan-Prozeß
zur Herstellung polykristallinen Siliziums ebenfalls ein poten-
tielles Epitaxie-Verfahren aus der Gasphase.

SiO_2-Film von ungefähr 20 Å) abtragen und damit die Oberfläche reinigen (<u>Gasätzung</u>). Anschließend wird dann mit geändertem Mischungsverhältnis epitaxial beschichtet. Die Abscheidung geht unterhalb der Schmelztemperatur von Silizium (1415^oC) vor sich. Das Ausdiffundieren von Störstellen aus dem Substrat in die epitaxiale Schicht ist umso geringer je niedriger die Temperatur ist. ($SiCl_4$: 1240^oC, SiH_4 : 1000^oC).

Eine gewünschte Dotierung der epitaxialen Schicht (zur Herstellung von z. B. pn-Übergängen, vgl. 5.4) ist möglich, indem man gasförmige Chloride des Dotierungsstoffes (z. B. BCl_3, PCl_3) dem Gasstrom beimengt, die sich dann ebenfalls an der heißen Si-Oberfläche zersetzen.

Die Aufwachsrate für z. B. die Siliziumtetrachlorid-Epitaxie ist etwa 0,7 μm/min bei einem H_2-Fluß von 2 1/min und einem Molverhältnis $H_2/SiCl_4 = 2000$.

Die Silizium-Epitaxie aus der Gasphase dient bei Transistoren und monolithischen Halbleiterschaltungen (die ganze Schaltung befindet sich auf einem Si-Substrat) unter anderem zur galvanischen Entkoppelung von Einzelelementen durch in Sperr-Richtung vorgespannte pn-Übergänge (z. B. n-epitaxiale Schicht auf p-Substrat; vgl. 8.1). Besonders interessant ist wegen der Entkoppelung das Aufwachsen epitaxialer Si-Schichten auf Isolatorunterlagen (Hetero-Epitaxie) wie Al_2O_3 (Saphir) und Al-Mg-Spinell. Voraussetzung hierfür ist jedoch, daß die Gitterkonstanten von Substrat und Aufwachsschicht angenähert gleich sind.

3.3.2. GaAs-Epitaxie aus der Gasphase (Effer)

Dieses Syntheseverfahren [4] beruht auf der Verwendung von Gallium und Arsentrichlorid (Bild 22). Das sehr rein herzustellende $AsCl_3$ dient sowohl als As-Quelle als auch zur Erzeugung von reinstem Chlorwasserstoff.

Der das Sättigungsgefäß durchströmende Wasserstoff (Trägergas) ist mit $AsCl_3$ gesättigt. An der heißen Stelle des Ofens (850^oC), am Ort des Galliums, wird das $AsCl_3$ reduziert:

$$4\ AsCl_3 + 6\ H_2 \xrightarrow{\ 850^oC\ } 12\ HCl + As_4 \qquad . \tag{3.5}$$

Die resultierenden Gase (HCl und As_4) strömen zum Ga-Schiffchen, wo einerseits Galliummonochlorid gebildet wird und gleichzeitig ein Teil des frei-

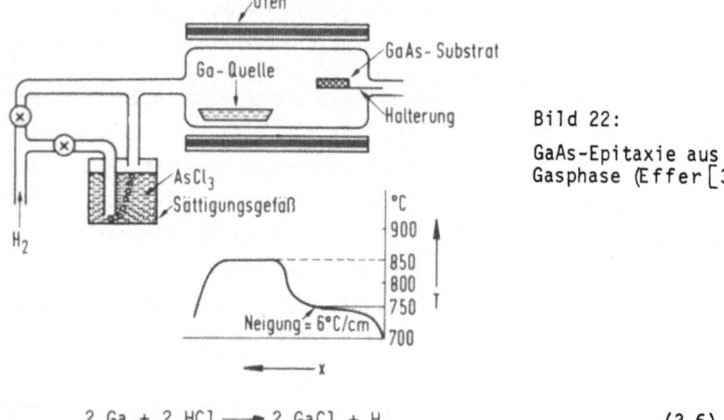

Bild 22:

GaAs-Epitaxie aus der Gasphase (Effer[3])

$$2\ Ga + 2\ HCl \longrightarrow 2\ GaCl + H_2 \qquad\qquad (3.6)$$

gesetzten Arsens (nach Gl. (3.5) in der Ga-Schmelze gelöst wird. Der verbleibende Teil des As wird mit GaCl in die Substratzone transportiert, wo bei einer niedrigeren Temperatur (750°C) die Reduktion:

$$4\ GaCl + As_4 + 2\ H_2 \xrightarrow{\ 750^{\circ}C\ } 4\ GaAs + 4\ HCl \qquad (3.7)$$

erfolgt. Das entstehende GaAs wird dabei als epitaxiale Schicht auf dem Substrat abgeschieden. Es hat sich gezeigt, daß das Abscheiden in einem Temperaturgradienten ($\approx$ 6°C/cm) ein einheitlicheres Schichtwachstum begünstigt.

Vor dem Aufwachsprozeß wird die Temperatur über dem Substrat erhöht ($\approx$ 850°C). Die Reaktion (3.7) läuft dann in umgekehrter Richtung ab. Das Substrat wird dabei leicht geätzt. Diese Gasätzung entfernt die restliche noch vorhandene Oberflächen- Verunreinigung, die bei der Präparierung des Substratmaterials entstehen kann.

Die Qualität der epitaxialen Schicht ist weitgehend von der Vorbehandlung des Substrats abhängig. Nur auf sorgfältig gereinigten Substratoberflächen (vgl. 4.2.4.2), die keine Spuren vorangegangener mechanischer Prozesse (Sägen, Schleifen, Polieren) und chemischer Prozesse (Ätzen) tragen, können einwandfreie epitaxiale Schichten wachsen.

Die Wachstumsrate hängt von der Orientierung, den Temperaturen und den Gas-Durchflußmengen ab. Die Wachstumsbedingungen für $\langle 100 \rangle$-orientiertes Substrat, das sich als günstig erwies, sind:

H_2-Fluß durch $AsCl_3$	: 100 ml/min
H_2-Trägergas-Fluß	: 150 ml/min
Ga-Temperatur	: 850° C
Substrat-Ätztemperatur	: 850 - 900° C
Substrat-Wachstumstemperatur	: 750° C

Charakteristische Wachstumsraten sind unter diesen Bedingungen 0,1 - 0,2 µm/min.

Mit diesem (und dem unter 3.2.1 beschriebenen) Verfahren können epitaxiale GaAs-Schichten hergestellt werden,die folgende Eigenschaften haben:

Beweglichkeit μ_n(300 K)	: 5000 - 8500 cm^2/V sec
μ_n(77 K)	: 40.000 - 100.000 cm^2/V sec
Elektronenkonzentration n_o	: 10^{13} - 10^{18} cm^{-3} (undotiert und dotiert)
Schichtdicke	: bis zu etwa 100 µm

Diese Schicht-Eigenschaften eignen sich insbesondere zur Herstellung von Gunn-Elementen (vgl. 5.6.3.4) und GaAs-Feldeffekt-Transistoren (vgl. 8.2.2).

Die Dotierung der epitaxialen Schicht erfolgt meist durch Zufuhr der Dotierungselemente in Form von gasförmigen Verbindungen wie H_2S, H_2Se, H_2Te (n-Leitung) und $Zn(C_2H_5)_2$ (p-Leitung), weil damit der Dotierungspegel relativ einfach gesteuert werden kann. Darüberhinaus ist es aber auch möglich, die Dotierungselemente der Ga-Schmelze (z. B. Sn) oder dem $AsCl_3$-Vorrat (z. B. S_2Cl_2, $SnCl_4$) beizumischen.

Mit der gleichen bzw. erweiterten Anlage können auch andere III-V-Verbindungen bzw. Mischkristalle aus der Gasphase abgeschieden werden. Bei den Mischkristallen (z.B. $Ga_{1-x}Al_xAs$) wird häufig die Metallorganische Gasphasenepitaxie (MOVPE) verwendet. Hierbei werden sowohl die Elemente der

III. und V. Gruppe als auch die Donatoren bzw. Akzeptoren in Form von
Hydriden (AsH_3) oder Alkylen ($Ga(C_2H_5)_3$, $Al_2(CH_3)_6$) zugeführt. Das Verfahren eignet sich gut für den großtechnischen Einsatz.

Je nach der Zusammensetzung der nach diesen Syntheseverfahren herstellba-
ren Verbindungen ergeben sich beispielsweise folgende Eigenschaften und
Anwendungsmöglichkeiten (Bandstruktur-Technologie):

a) GaAs, $GaAs_{1-x}P_x$, GaP

Diese Gruppe hat Bandabstände in einem Bereich zwischen 1,42 eV (GaAs) und
2,26 eV (GaP). Damit sind optische Übergänge vom nahen Infrarot bis in die
Mitte des sichtbaren Bereiches möglich (die Übergänge sind jedoch nur direkt
bis 1,98 eV entsprechend für x < 0,45).

Anwendungen: GaAs   : LED für 0,93 - 1,0 µm, Gunn-Elemente,
                              Lawinenlaufzeit-Dioden,Varactor-Dioden,FET.

              $GaAs_{1-x}P_x$: LED

              GaP   : LED, Sekundäremmissions-Dynoden

b) GaAs, $Ga_{1-x}Al_xAs$

Beim Mischkristall $Ga_{1-x}Al_xAs$ sind die optischen Übergänge zwischen 1,42 eV
und 1,82 eV direkt ($0 \leq x \leq 0,27$). Da das Gitter von $Ga_{1-x}Al_xAs$ praktisch
identisch mit dem von GaAs ist, kann das Aufwachsen auch auf GaAs erfolgen.
Dies ist von Bedeutung beim Injektions-Laser, weil damit wegen des größeren
Berechnungsindex von GaAs im Vergleich zu $Ga_{1-x}Al_xAs$ die optischen Verluste bei einer Doppelheterostruktur (z.B.$Ga_{1-x}Al_xAs(n)$-GaAs(p)-$Ga_{1-x}Al_xAs(p^+)$)
reduziert werden können.

Anwendungen: $Ga_{1-x}Al_xAs$: LED und Laser für 0,7 - 0,9 µm

c) InP, $In_{1-x}Ga_xAs_yP_{1-y}$

Der Bandabstand variiert zwischen 0,36 eV (InAs) und 2,26 eV (GaP). Die
Gitterkonstante von $In_{1-x}Ga_xAs_yP_{1-y}$ läßt sich gut auf InP als Substrat an-
passen und es ergibt sich bei Doppelheterostruktur-Lasern, ähnlich
wie unter b), eine verlustfreie optische Wellenführung.

Anwendungen: $In_{1-x}Ga_xAs_yP_{1-y}$: Doppelheterostrukturen für LED,
                              Laser und Photodioden für 1,0 - 1,6 µm

              InP   : Photodioden, FET, Gunn-Elemente,
                              Lawinenlaufzeit-Dioden

3.3.3. Molekularstrahl-Epitaxie

Die Epitaxie-Verfahren aus der flüssigen und gasförmigen Phase ermöglich-
en die Herstellung von epitaxialen Schichten mit vorzüglichen Halbleitereigenschaften. Bei der Herstellung von sehr dünnen Schichten (< 0,1 µm)
ergibt sich allerdings eine Begrenzung der Schichtdicke wegen der Ausdiffusion während des Epitaxieprozesses. Hier wird in zunehmendem Maße
sowohl für Silizium als auch für GaAs die Molekularstrahl-Epitaxie angewendet. Man kann dann sowohl dünne Schichten als auch abrupte Übergänge
realisieren. Bild 23 zeigt den prinzipiellen Aufbau einer solchen Anlage.
Der Molekularstrahlofen und das Substrat befinden sich in einer Ultra-
hochvakuum-Anlage. Bei der GaAs-Molekularstrahl-Epitaxie wird der Ofen
mit polykristallinem GaAs-Pulver gefüllt. Bei einer Ofentemperatur von
925° C und einer Substrattemperatur von 550° C (gegenüber 800° C bei der

Bild 23:
Molekularstrahl-Epitaxie

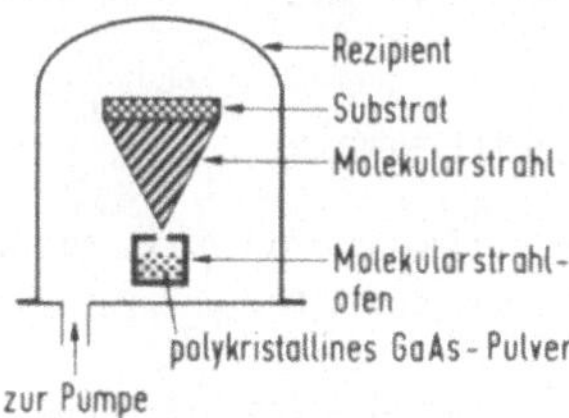

Flüssigphasenepitaxie) ergibt sich beispielsweise eine Aufwachsrate von
1,4 Å/sec [5]. Während des Aufwachsens ist der Druck in der Anlage etwa
10^{-8} Torr. Bei Verwendung eines zusätzlichen Molekularstrahlofens für
Dotierstoffe können mit dieser Methode auch sehr dünne pn-Übergänge hergestellt werden. Bei der Si-Molekularstrahl-Epitaxie wird anstelle des
Molekularstrahlofens eine Elektronenstrahlkanone zum Verdampfen des Si
verwendet, da das flüssige Si mit den Wänden des Ofens reagiert und damit
Verunreinigungen in die Schichten bringt. Für die Si-Molekularstrahl-
Epitaxie kann die Temperatur während des Aufwachsens auf ca. 750° C ver-
ringert werden (sonst ca. 1200° C bei $SiCl_4$), ohne daß Kristallbaufehler auftreten.

4. Kristallbearbeitung

Zur Erzielung der für die Bauelemente nötigen Form und Oberflächenbeschaffenheit muß das einkristalline Halbleitermaterial mechanisch und
chemisch behandelt werden. Meist werden Scheiben mit einer Dicke zwischen 10 µm und 1 mm und einem Durchmesser zwischen 1 mm und 100 mm
aus dem Einkristallmaterial benötigt.

4.1. Sägen

Die Einkristalle müssen während des Sägens in einer bestimmten, durch die
gewünschte Kristallorientierung vorgegebene Lage festgehalten werden, damit die Schnittflächen eben werden. Zu diesem Zweck werden die Kristalle
mit Siegellack, Phtalat oder Kunstharz auf Trägerplatten aus Keramik aufgeklebt (um Störungen des Gitteraufbaus im Halbleiterinneren zu vermeiden, werden keine mechanischen Halterungen angewendet).

4.1.1. Kreissägen

Zum Sägen verwendet man meist rotierende runde Sägeblätter aus z. B.
Bronze-Blech, deren Peripherie mit feinkörnigem Diamantbort belegt ist.

Der Durchmesser der Sägeblätter variiert zwischen 6 cm und 20 cm, die
Dicke der Blätter zwischen 0,1 mm und 0,5 mm. Je nach dem Durchmesser der
Sägeblätter beträgt die Umdrehungszahl 1000 bis 9000 U/min. Als Kühlmittel
wird Petroleum, Öl oder Wasser verwendet. Der Vorschub ist 10 - 40 mm/min.

Wegen der günstigeren Verspannung des Schneideblattes werden mit der
Innenloch-Säge (Bild 24) bessere Ergebnisse und geringere Schneidkanäle

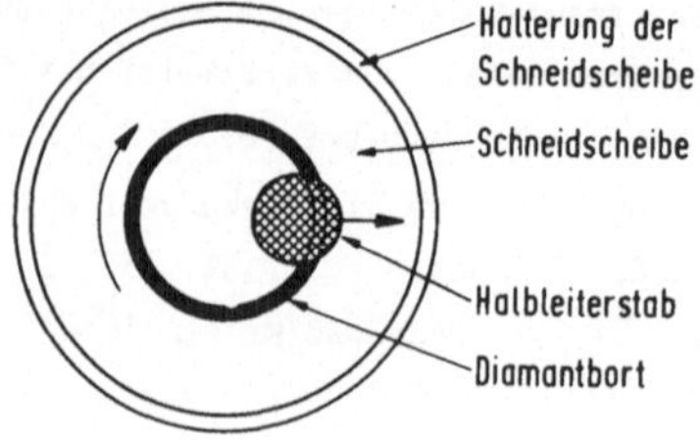

Bild 24:

Schema einer Innenloch-Säge

(weniger Verluste) erzielt als mit der Außenbort-Maschine. Die Dickenab-
weichung bei der Innenlochsäge beträgt etwa $\pm$ 5 µm.

4.1.2. Drahtsäge

Ein gespannter Wolfram-, Stahl- oder Molybdändraht wird auf dem Kristall
hin- und herbewegt. Die Schleifsuspension (Suspension von Silizium- oder
Bor-Karbid in H_2O oder Glyzerin) dient zugleich als Kühlmittel.

Mit der Drahtsäge ist die gestörte Oberflächenschicht des Kristalls weniger tief (geringere Schneidriefen) als bei der Kreissäge. Der Nachteil
der geringeren Schnittgeschwindigkeit kann durch Verwendung mehrerer Säge-
bänder aufgehoben werden.

4.2. Oberflächenbehandlung

Bei der Oberflächenbehandlung wird die gestörte Oberflächenschicht bis auf
das ungestörte Kristallgitter und das Halbleitermaterial auf die vorgegebene
Dicke abgetragen. Dies erfolgt mit verschiedenen mechanischen und chemischen
Methoden. Eine wichtige Rolle spielen dabei die verschiedenartigen Ätzen,
die auch zur Sichtbarmachung von Strukturen auf der Halbleiteroberfläche
(wie z.B. pn-Übergänge) dienen.

4.2.1. Schleifen

Das Halbleitermaterial wird auf einer Schleifscheibe hin und her bewegt.
Im Laboratoriumsbetrieb erfolgt das Schleifen von Hand auf ebenen Glas-
oder Stahlplatten. Das Material wird hier mit gebundenem Korn (Schleif-
papier) unter Zugabe von Wasser abgetragen. Somit können Korneinlagerungen in dem Kristall weitgehend vermieden werden. Mit dem feinsten Papier werden bereits relativ gute und auch glänzende Oberflächen erzielt.

4.2.2. Läppen

Beim Läppen erfolgt die Materialabtragung mit freiem Korn in Suspension.
Man verwendet dazu Läppmaschinen (Bild 25). Die Läpp-Scheibe rotiert und

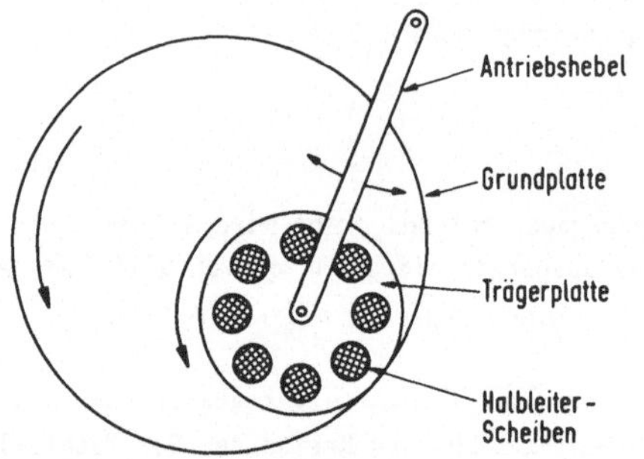

Bild 25:
Schema einer Läpp-
maschine

die Trägerplatte liegt mit den Halbleiterscheiben auf. Diese Trägerplatte
wird mit einem Antriebshebel exzentrisch über die Läpp-Scheibe bewegt. Dabei rotiert auch die Trägerplatte. Mit dieser Methode werden sehr ebene
Oberflächen erzielt. Wegen des freien Korns sind jedoch Korneinlagerungen
und daher z.T. tiefe Oberflächenrisse in der Halbleiteroberfläche unvermeidlich.

4.2.3. Mechanisches Polieren

Poliermaschinen sind ähnlich aufgebaut wie Läppmaschinen. Der wesentliche
Unterschied ist aber, daß die Grundplatte beim Drehpolierverfahren mit
einem Tuch (z. B. aus Nylon) bespannt ist. Das Poliertuch wird mit dem
Poliermittel bestrichen. Gebräuchliche Poliermittel sind z. B. Diamant-
pasten (Korngröße 0,25 - 7 μm) und Al_2O_3-Pasten (Korngröße 0,1 - 3 μm)
und Zirkonoxid in alkalischer Lösung (Lustrox; Firmenbezeichnung).

Beim Polieren entsteht auch eine zerstörte Oberflächenschicht, die jedoch
weniger tief als beim Läppen ist. Die Oberfläche wird in dem Maße glatter
und spiegelnder, aber auch welliger, je weicher das Poliertuch ist.

4.2.4. Reinigung

Vor dem Weiterverarbeiten müssen die Halbleiterscheiben gereinigt werden.
Für Silizium und GaAs haben sich folgende Reinigungsprozeduren bewährt:

4.2.4.1.   Reinigung von Si

a) Reinigung der Proben von festen Bestandteilen (vom Schleifen und
Polieren) im Ultraschallbad mit Trichloräthylen.

b) Entfernung organischer Verunreinigungen durch Kochen in organischen
Reinigungsmitteln mit der Lösungsreihe:

Trichloräthylen, Aceton, Methanol
Anschließend werden die Proben in bidestilliertem H_2O gespült.

c) Entfernung anorganischer Verunreinigungen nach dem Schema:

Königswasser, HF (50 %), 1 Teil H_2O_2 + 2 Teile H_2SO_4, HNO_3 (rauchend)
HF (50 %)

Nach jedem Reinigungsschritt müssen die Proben jeweils mit viel bidestilliertem H_2O gespült werden. Die verwendeten Reinigungsmittel
müssen den höchstmöglichen Reinheitsgrad besitzen.

Die unter c) aufgeführten Reinigungsschritte werden insbesondere für
die Herstellung von Silizium-Schottky Kontakten verwendet.

4.2.4.2.   Reinigung von GaAs

Die organischen Verunreinigungen werden im allgemeinen wie unter
4.2.4.1. b) entfernt. Danach folgt Kochen in HCL mit anschließendem Her-
ausverdünnen mit Methanol und Kochen in Chloroform sowie Trocknen unter
laminaren Luftstrom.

4.2.5.   Ätzen

Man unterscheidet zwei Arten von Ätzlösungen: <u>Politurätzen</u> und
<u>Strukturätzen</u>.

Unter Politurätzen versteht man Ätzlösungen, die unabhängig vom Leitungs-
typ, Orientierung und Dotierung des zu ätzenden Materials auf der Kristalloberfläche eine einebnende Wirkung ausüben oder bei bereits ebenen

Oberflächen eine homogene Abtragung bewirken.

Strukturätzen hinterlassen auf der Probenoberfläche willkürliche oder charakteristische Ätzfiguren. Strukturätzen werden dann angewendet, wenn bereits ebene Oberflächen vorhanden sind. (Eine ausführliche Beschreibung der verschiedenen Ätzen ist bei Bogenschütz [6] zu finden).

4.2.5.1. Politurätzen

Damit das Material gleichmäßig abgetragen wird, ist eine ständige Zufuhr des unverbrauchten und Abführung des verbrauchten Ätzmittels notwendig. Außerdem entstehen während des Ätzvorganges gasförmige Reaktionsprodukte, die in Blasen an der zu ätzenden Oberfläche haften bleiben können. Das Ätzen wird deshalb bei rotierendem Kristallbehälter oder mit einem zusätzlichen Quirl durchgeführt.

Eine weitere Methode zur gleichmäßigen Abtragung des Halbleitermaterials ist das Wischpolieren (Bild 26). Hier laufen die rotierenden Proben auf

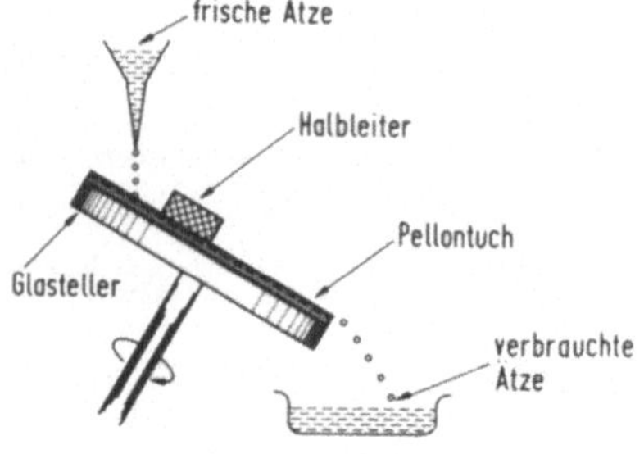

Bild 26:
Materialabtragung durch Wischpolieren

einem säurefesten Pellontuch, das auf einer Quarzplatte aufgeklebt ist. Frische Ätzlösung tropft ständig auf die Fasern der Unterlage und rinnt am anderen Ende der Platte wieder ab.

Nach Beendigung des Ätzvorganges müssen die Proben in bidestilliertem Wasser gespült werden.

Ein Beispiel für eine häufig verwendete Politurätze für Si ist:

1 Teil HF (50%) + 10 Teile HNO_3 (65%)   .

Für Si bestehen die meisten Ätzen aus einer Mischung von HF und HNO_3
(eventuell noch Zusätze von H_2O und CH_3COOH). Durch die Salpetersäure
wird Si zu SiO_2 oxydiert, welches von der Flußsäure gelöst wird. Die Ätzrate hängt stark von dem Verhältnis HF/HNO_3 und von der Ätztemperatur ab.
Typische Ätzraten sind 1 - 15 µm/min.

Für GaAs wird beim Wischpolieren eine Lösung von 5 % Brom in 95 % Methanol
verwendet. Während des Ätzvorganges wird der Bromanteil bis auf ein halbes
Prozent reduziert. Als rein chemische Ätze hat sich für GaAs eine Zusammensetzung aus

5 Teilen H_2SO_4, 1 Teil H_2O_2, 1 Teil H_2O

bewährt. Die charakteristische Ätzrate liegt bei etwa 5 µm/min.

4.2.5.2. Strukturätzen

Strukturätzen werden unter anderem zur Bestimmung der Versetzungsdichte,
der Tiefe von pn-Obergängen und der Grenze zwischen stark unterschiedlicher Leitfähigkeit (z. B. nn^+-Profil) verwendet.

Zur Messung der Versetzungsdichte bei Si wird der Kritall zunächst an-
geschliffen und 1 - 2 min in einer Lösung aus etwa gleichen Teilen HNO_3,
HF und CH_3COOH geätzt, bis die Oberfläche glänzend ist. Dann wird
40 - 60 % H_2O (bezogen auf die Ätze) hinzugegeben und man läßt die ver-
dünnte Lösung etwa 1 min wirken. Nach dem Spülen und Trocknen wird unter
dem Mikroskop die Zahl der Ätzgruben bestimmt und ihre Zahl pro cm^2 angegeben.

Zur Erzeugung von Ätzgruben auf niedrig indizierten GaAs-Oberflächen
(z. B. auf (100)-, (111)- und (110)-Ebenen) kommt folgende Ätzlösung zur
Anwendung: 200 cm^3 H_2O, 800 mg $AgNO_3$, 100 g CrO_3, 100 cm^3 HF. Die Ätzzeit
beträgt etwa 10 min bei $65^{\circ}C$.

Zur Unterscheidung der (111)- und der ($\bar{1}\bar{1}\bar{1}$)-Seite (bzw. der Ga- und As-
Seite) bei GaAs verwendet man die Ätzlösung: 9 Teile H_2O_2, 1 Teil NaOH und

2 Teile H_2O. Die (111)-Flächen erscheinen metallisch glänzend, die ($\bar{1}\bar{1}\bar{1}$)-Flächen dagegen dunkel.

Zur Sichtbarmachung von pn-Übergängen oder Leitfähigkeitsstufen (nn^+-Übergang) werden die Übergänge bzw. Grenzen mit verschiedenen Verfahren (vgl. 5.6.1) zunächst freigelegt.

Für Silizium wird folgende Lösung benützt: 2 g H_6JO_6, 1 ml HF (50 %), 20 ml H_2O. Während des Anätzens wird die Probe ca. 30 sec intensiv mit Licht bestrahlt. Unter dem Mikroskop kann man die verschiedenen Schichten wegen ihrer unterschiedlichen Färbung erkennen und ausmessen. Dieses Verfahren ist sowohl für pn-Übergänge als auch für Leitfähigkeitsstufen anwendbar.

Für GaAs verwendet man zur Sichtbarmachung von pn-Übergängen z. B. eine Ätze aus 60 Vol% CP4-Lösung (100 ml HNO_3, 50 ml HF, 110 ml Eisessig), 20 Vol% Methanol und 20 Vol% H_2O. Nach kurzem Einwirken wird die p-Seite hell, die n-Seite grau.

Leitfähigkeitsstufen werden bei GaAs mit einer wässerigen Lösung aus 1 Teil $K_3Fe\ (CN)_6$ 20 %, 1 Teil KOH 20 % nach etwa 10 sec Einwirkung sichtbar.

Die unter 4.2 aufgeführten Schritte wie Schleifen, Läppen, mechanisches Polieren, Reinigen, chemisches Polieren müssen nicht unbedingt nacheinander durchgeführt werden. Häufig geht man nach dem Sägen und Reinigen gleich zum chemischen Polieren bzw. Ätzen über.

5. Herstellung von pn-Übergängen und Leitfähigkeitsprofilen

5.1. Übersicht

Viele Halbleiterbauelemente benötigen einen oder mehrere pn-Übergänge. Für die Herstellung von pn-Übergängen gibt es mehrere Methoden, vorwiegend Diffusion, Epitaxie und Ionenimplantation. Da die Epitaxie in ihren Grundzügen bereits in den Abschnitten 3.2.1, 3.3.1 und 3.3.2 beschrieben wurde, wird in diesem Abschnitt den Diffusionsvorgängen ein breiterer Raum ge-

geben. Es werden auch die Diffusionsprozesse berücksichtigt, die bei der
Epitaxie eine Rolle spielen. Auch jene Schichtfolgen werden behandelt,
die der Diffusionstechnik unzugänglich sind, nämlich schwach dotierte
Zonen mit konstanter oder veränderlicher Dotierung auf hochdotiertem
Substrat gleichen Leitungscharakters (z. B. nn^+-Übergänge). Solche
Schichtfolgen mit einem bestimmten Leitfähigkeitsprofil, die nur mit
der Epitaxie herstellbar sind, stellen in vielen Fällen (z. B. Planar-
technologie, vgl. Abschnitt 6 und 8) das Ausgangsmaterial für die Herstellung von pn-Übergängen durch Diffusion dar.

Die Methode der gezogenen pn-Übergänge aus der Schmelze (dabei wird der
Dotierungsgehalt der Schmelze durch Zugabe von Dotierpillen abrupt geändert) war in den ersten Jahren der Dioden- und Transistortechnologie sehr
wichtig. Dieses Verfahren war jedoch für eine Massenproduktion weniger
geeignet als die ebenfalls früh entwickelte Methode der legierten Übergänge (Bild 27a). Dabei wird beispielsweise eine Pille aus Akzeptor-
Material auf ein Scheibchen eines n-Typ-Halbleiters gebracht (z. B. eine
Al-Pille auf n-Silizium). Das Scheibchen mit der Pille wird dann aufge-
heizt, so daß die Pille schmilzt und in das Scheibchen einlegiert wird.
Beim Abkühlen bildet sich unter der Pille ein rekristallisierter Bereich,
der mit Akzeptor-Störstellen von der Pille gesättigt ist. Diese Methode
ergibt abrupte pn-Übergänge und wird heute noch bei Ge in der Massenproduktion von Dioden und Transistoren angewendet. Sie hat aber den Nachteil,
daß man den Rekristallisationsbereich im Halbleiter relativ schlecht
kontrollieren kann.

Eine bessere Kontrolle der Lage des pn-Überganges ist mit der Diffusion
möglich (Bild 27b). Diffundierte Übergänge werden auf ähnliche Weise wie
beim Legierungsprozeß hergestellt, indem die Oberfläche des Scheibchens
einer Quelle mit einer hohen Konzentration von Störstellen-Atomen, z. B.
in einem Gas, ausgesetzt wird. Im Gegensatz zu den legierten Übergängen
tritt jedoch hier kein Phasenwechsel auf. Die Dotier-Atome bewegen sich im
Halbleiter durch Festkörper-Diffusion, welche mit hoher Präzision gesteuert werden kann. Die Begrenzung der pn-Übergänge erreicht man z. B. durch
Mesa-Ätzung (Mesa-Technik).

Eine weitere Erhöhung der Präzision wurde mit der Entdeckung erzielt, daß

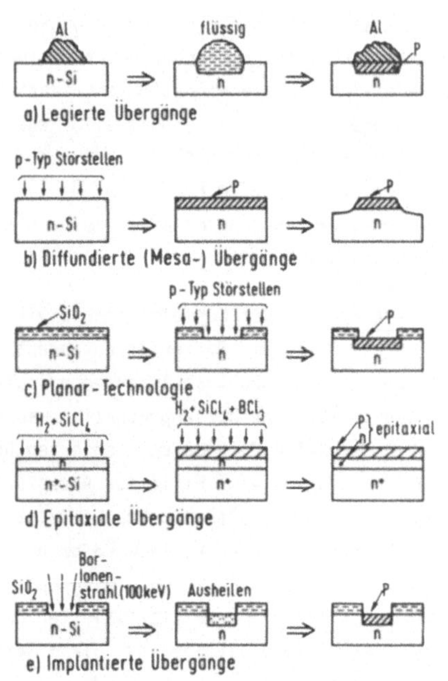

Bild 27:

Übersicht der Herstellungsmethoden von pn-Übergängen bei Silizium

eine dünne SiO_2-Schicht die Diffusion der wichtigsten Störstellen-Atome hemmt (Bild 27c). Damit ist es möglich, auch die Geometrie der diffundierten Übergänge genau zu kontrollieren. Dazu wird zunächst das Scheibchen an der Oberfläche oxydiert und mit Hilfe der Photolack-Technik (vgl. 6.4) werden bestimmte Bereiche des Oxids durch Ätzen wieder entfernt. Dadurch entstehen Diffusionsfenster oder ganze Muster im Oxid. Die Störstellen-Atome diffundieren dann nur durch die freigelegten Stellen der Si-Oberfläche und Übergänge werden nur an den Oxidfenstern geschaffen. Mit dieser Planar-Technologie (vgl. Abschnitt 6 und 8) werden seit etwa 1960 hauptsächlich Halbleiterbauelemente und integrierte Schaltungen in Massenproduktion hergestellt.

Bei der Epitaxie (Bild 27d) werden in die aufwachsende epitaxiale Schicht die p- bzw. n-Leitung erzeugenden Störstellen-Atome in der gewünschten

Konzentration gleich mit eingebaut (vgl. 3.2.1, 3.3.1 und 3.3.2), indem sie z. B. in der Gasphase beigemengt werden. Durch Änderung der Konzentration der Dotierungsstoffe während des Aufwachsens kann das Dotierungsprofil der epitaxialen Schicht weitgehend nach Wunsch eingestellt werden.

Bei einer weiteren Methode zur Herstellung von Übergängen, der Ionenimplantation (Bild 27e), werden die Dotierungsstoffe als hochbeschleunigte Ionen in den Halbleiter eingeschossen. Durch anschließendes thermisches Ausheilen werden die implantierten Störstellen-Ionen im Halbleiter elektrisch aktiviert. Mit dieser Methode kann man abrupte, laterial scharf begrenzte, oberflächennahe Übergänge erzeugen, mit Dotierungskonzentrationen, die unabhängig von der maximalen Löslichkeit des Dotierungsmaterials im Halbleiter sind.

5.2. Legierungsverfahren

Da das Legierungsverfahren wegen seiner besonderen Einfachheit bei Ge heute noch angewendet wird, soll dieser Vorgang am Beispiel von Ge beschrieben werden.

Auf die gereinigte Oberfläche eines n-leitendes Ge-Kristalls wird eine Indium(Akzeptor)-Pille gebracht (vgl. auch Bild 27a). Danach wird die Temperatur unter H_2-Schutzgas auf etwa 550° C erhöht, das Indium schmilzt und breitet sich auf der Oberfläche aus (Benetzungsvorgang).Das flüssige Indium beginnt etwas Ge aufzulösen. Das gelöste Ge-Volumen hängt von der In-Menge und von der Temperatur ab. Im festen Kristall entsteht eine kleine Vertiefung. Bei der nun folgenden Abkühlung nimmt die Löslichkeit des Ge in Indium ab. Germanium kristallisiert aus der Lösung stark mit Indium dotiert aus. Die Kristallbildung setzt in erster Linie an der Grenze Ge-Kristall/In-Schmelze ein. Der Kristall wächst also in seiner vorgegebenen Orientierung weiter und es entsteht dabei ein abrupter pn-Übergang.

Neben In können auch andere Metalle, z.B. Ga und Al, verwendet werden. In ist jedoch am besten geeignet, da Ga schon bei 30^oC schmilzt und Al stets mit einer Oxidhaut bedeckt ist, die zu Benetzungsschwierigkeiten führt.

Inhomogene Legierungsfronten, die zu kugelschalenförmigen pn-Übergängen
führen, werden vermieden, indem Benetzungs- und Legierungsvorgang getrennt
durchgeführt werden. Der Benetzungsvorgang wird bei so niedrigen Temperaturen (300 - 350°C) und bei Anwendung von Flußmitteln durchgeführt, daß
zwar eine homogene Ausbreitung des In-Metalls auf der Ge-Oberfläche ein-
tritt, aber noch keine wesentliche Menge Ge aufgelöst wird.

Auch für Silizium ist diese Legierungsmethode grundsätzlich anwendbar.
Es treten hier aber Besonderheiten auf: Alle Si-Legierungen sind sehr
spröde. Es bilden sich leicht Risse zwischen der Legierungsfront und dem
Silizium. Ferner wird der Benetzungsvorgang wegen des Eutektikums der Si-
Legierungen und wegen des natürlichen SiO_2-Films erschwert. Eine Abhilfe
schafft die Anwendung von Dotierfolien (z. B. aus Al) und Flußmitteln.

Der Legierungsvorgang in abgewandelter Form hat auch Bedeutung bei der
Herstellung von Kontakten auf Halbleitermaterialien (vgl. 7.2).

5.3. Diffusionsverfahren

5.3.1. Diffusionstheorie

Bei relativ hohen Temperaturen wird der Halbleiterkristall Dotierungsstoffen z. B. in der Gasphase ausgesetzt (Bild 28). Die Zahl i der pro

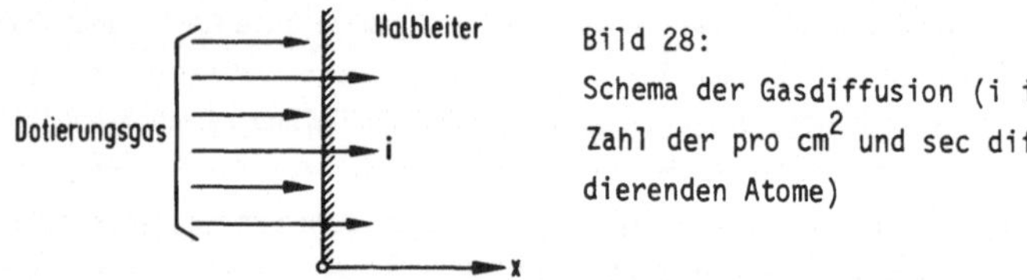

Bild 28:

Schema der Gasdiffusion (i ist die
Zahl der pro cm^2 und sec diffundierenden Atome)

cm^2 und sec im Halbleitermaterial diffundierenden Atome ist proportional
dem Konzentrationsgradienten des Dotierungsstoffes im Halbleiter. Der
Teilchentransport erfolgt in Richtung der geringeren Konzentration N des
Dotierungsstoffes. Bei einer einfachen Diffusionstheorie wird vorausge-
setzt, daß die Diffusionsrate unabhängig von der Konzentration ist und
daß eine Art eines Dotierungsstoffes unabhängig von irgend einer anderen

Art diffundiert. Der Vorgang wird dann mit dem <u>ersten Fick'schen Gesetz</u> beschrieben:

$$i = - D \, \partial N / \partial x \quad . \qquad (5.1)$$

Die Proportionalitätskonstante zwischen Teilchenstrom i und dem (negativen) Konzentrationsgradienten $\frac{\partial N}{\partial x}$ ist die Diffusionskonstante $D(cm^2/sec)$, die nur eine Funktion der Temperatur ist[+)].

Mit der <u>Kontinuitätsgleichung</u>:

$$\frac{\partial i}{\partial x} + \frac{\partial N}{\partial t} = 0 \qquad (5.2)$$

folgt aus (5.1) die <u>Diffusionsgleichung</u>:

$$\frac{\partial N}{\partial t} = D \frac{\partial^2 N}{\partial x^2} \quad . \qquad (5.3)$$

Eine eindimensionale Theorie ((5.1) bis (5.3)) ist gerechtfertigt, da in den meisten Fällen die Querdimensionen wesentlich größer als die Diffusionstiefe sind.

In vielen Fällen wird der Diffusionsprozeß in zwei Stufen, nämlich <u>Vorbelegung</u> und <u>Eindiffusion</u> durchgeführt. Bei der Vorbelegung werden die Dotierungsstoffe in hoher Konzentration durch kurze Diffusionszeit und bei relativ niedriger Temperatur nur bis zu einer Tiefe von Bruchteilen von µm eindiffundiert. Bei der anschließenden Eindiffusion ohne Quelle werden die eingebrachten Dotierungsstoffe tiefer in den Halbleiter eindiffundiert, wobei die Oberflächenkonzentration abnimmt. Dotierungspegel und Diffusionstiefe sind somit einstellbar. Entsprechend den beiden Vorgängen ergeben sich verschiedene Lösungen der Diffusionsgleichung (5.3).

[+)] Im allgemeinen ist die Diffusionskonstante ein Tensor; bei isotroper Diffusion ist D jedoch ein Skalar.

<u>Vorbelegung</u> (Prädeposition):

Da die Konzentration N_0 an der Oberfläche ($x = 0$) während der Vorbelegung konstant bleibt, folgt als Randbedingung:

$$N(0,t) = N_0 \quad . \tag{5.4}$$

Ferner gilt die Anfangsbedingung:

$$N(x,0) = 0 \quad . \tag{5.5}$$

Als Lösung von (5.3) ergibt sich das Konzentrationsprofil:

$$N(x,t) = N_0 \left[1 - \mathrm{erf}(x/2 \sqrt{Dt}) \right] = N_0 \mathrm{erfc}(x/2\sqrt{Dt}) \tag{5.6}$$

mit der Fehlerfunktion

$$\mathrm{erf}(x/2\sqrt{Dt}) = \frac{1}{\sqrt{\pi Dt}} \int_0^{x/2\sqrt{Dt}} e^{-u^2/4Dt} \, du \tag{5.7}$$

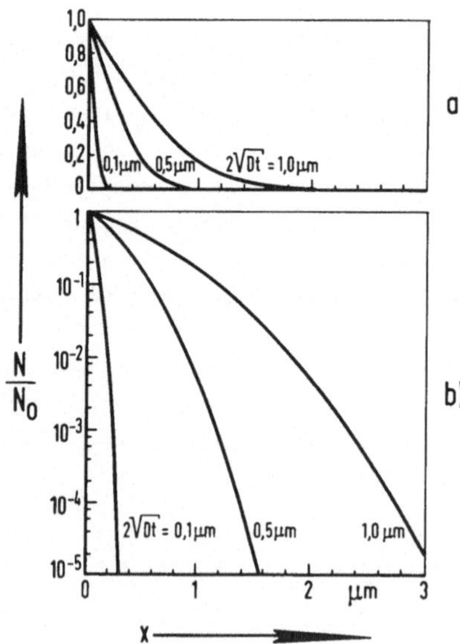

Bild 29:

Diffusionsprofil bei der Vorbelegung
a) lineare
b) halblogarithmische Darstellung

(erf(0) = 0; erf($\pm \infty$) = $\pm$ 1). Dieses Profil ist in Bild 29 für verschiedene Diffusionslängen 2 $\sqrt{Dt}$ sowohl in linearer als auch in halblogarithmischer Darstellung gezeigt. Mit zunehmender Diffusionszeit t diffundieren die Dotierungsstoffe immer tiefer in den Halbleiter.

Eindiffusion:

In der Praxis erfolgt bei Si die Eindiffusion in einer oxydierenden Umgebung. Dabei entsteht ein dünner SiO_2-Film, der Diffusion an der Halbleiteroberfläche (x=0) unterbindet. Als Rand- und Anfangsbedingung gilt nun

$$\frac{\partial N}{\partial x} (0,t) = 0 \tag{5.8}$$

(da jetzt nach (5.1) i(0,t) = 0) und

$$N(x,0) = N_o \left[1 - erf(x/2\sqrt{D_1 t_1}) \right] \quad . \tag{5.9}$$

Gleichung (5.9) entspricht der während der Vorbelegung geschaffenen Konzentrationsverteilung. Darin ist t_1 die Diffusionszeit und D_1 die Diffusionskonstante der Vorbelegung. (Da die Diffusionskonstante stark von der Temperatur abhängt (vgl. 5.3.2) und Vorbelegung und Eindiffusion bei verschiedenen Temperaturen durchgeführt werden können, kann auch die Diffusionskonstante verschieden sein).

Mit den Bedingungen (5.8) und (5.9) ist die Diffusionsgleichung (5.3) analytisch nicht lösbar. Unter der Voraussetzung, daß die Diffusionslänge 2 $\sqrt{D_1 t_1}$ bei der Vorbelegung klein gegenüber der Diffusionslänge 2 $\sqrt{D_2 t_2}$ bei der Eindiffusion ist, kann die Konzentrationsverteilung der Vorbelegung (5.9) als δ-Funktion angenähert werden. Dann ergibt sich für (5.3) als Lösung die bekannte Gauß-Verteilung:

$$N(x,t_2) = \frac{S}{\sqrt{\pi D_2 t_2}} \, e^{-x^2/4D_2 t_2} \quad . \tag{5.10}$$

Dabei ist S die konstante, durch Vorbelegung eingebrachte Oberflächenkonzentration $[cm^{-2}]$. S wird aus der Bedingung bestimmt, daß die während der Vorbelegung eingebrachten Störstellen an der Oberfläche konzentriert sind (δ-Funktion):

$$S = \int_0^\infty N(x,0)\, dx = 2\, N_o\, \sqrt{D_1 t_1/\pi} \qquad . \tag{5.11}$$

Die Lösung (5.10) lautet somit

$$N(x,t_2) = \frac{2\, N_o}{\pi} \sqrt{\frac{D_1 t_1}{D_2 t_2}}\; e^{-x^2/4D_2 t_2} \qquad . \tag{5.12}$$

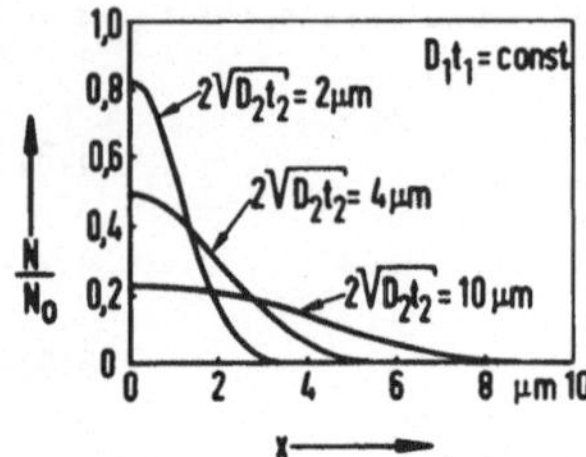

Bild 30:

Diffusionsprofil bei der Eindiffusion

In Bild 30 ist das Konzentrationsprofil nach der Eindiffusion mit $\sqrt{D_2 t_2}$ als Parameter dargestellt. Man sieht, daß entsprechend der Randbedingung (5.8) die Neigung bei $x = 0$ verschwindet, daß sich mit zunehmender Eindiffusionszeit t_2 das Diffusionsprofil in den Halbleiter hinein ausbreitet, während zugleich die Oberflächenkonzentration abnimmt.

5.3.2. Diffusionskonstante

Die Diffusionskonstanten D für Störstellen-Elemente in Halbleitern sind stark temperaturabhängig. In einem begrenzten Temperaturbereich kann D(T) durch die Gleichung

$$D(T) = D_o\, e^{-W_a/kT} \tag{5.13}$$

beschrieben werden. Darin ist D_o eine Materialkonstante (die auf die Temperatur unendlich extrapolierte Diffusionskonstante), W_a ist die Aktivierungsenergie des Diffusionsvorganges, k die Boltzmann-Konstante und T ist die absolute Temperatur.

61

Der Verlauf von D(T) ist in Bild 31 für Si und GaAs für verschiedene
Störstellen aufgetragen. (Störstellencharakter und Lage im verbotenen
Band (außer S in GaAs) sind in Tabelle 2 und 3 sowie in 9.3 angegeben).

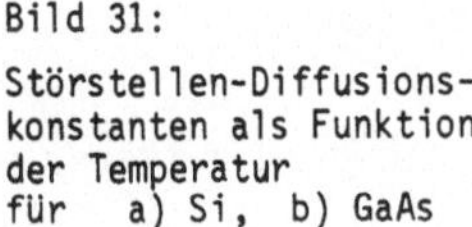

Bild 31:

Störstellen-Diffusions-
konstanten als Funktion
der Temperatur
für   a) Si, b) GaAs

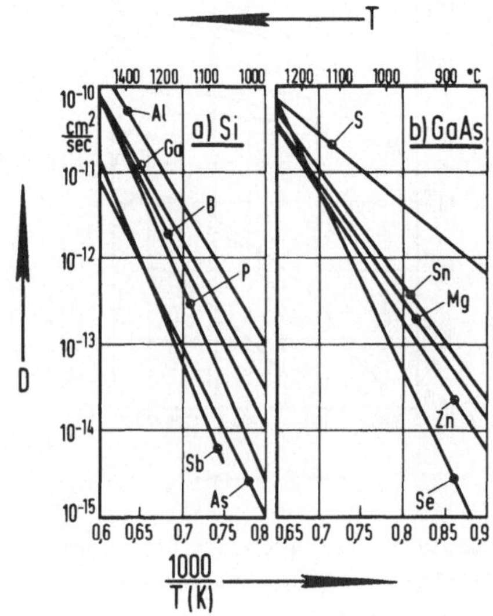

Dabei gilt D(T) für GaAs nur für den Fall geringer Störstellenkonzentration (mit zunehmender Störstellenkonzentration ($> 10^{18}$ cm^{-3}) wird D(T)
konzentrationsabhängig).

Für die Diffusion ist neben der Diffusionskonstanten die maximale Löslichkeit der Störstellen-Atome im Halbleiter von Bedeutung. Sie entspricht der maximalen Störstellenkonzentration, die man bei einer ge-
gebenen Temperatur in einen Halbleiter einbringen kann. In Bild 32 ist
die maximale Löslichkeit der wichtigsten Störstellen-Elemente in Silizium
als Funktion der Temperatur aufgetragen. Man erkennt, daß As und P (beide
Donatoren) besonders gut geeignet zur Herstellung von hochdotiertem n-
Silizium sind, während B (Akzeptor) zur Herstellung von hochdotiertem
p-Silizium dient.

Die maximale Löslichkeit in GaAs für Donatoren (Sn,S,Te) liegt zwischen
$3 \cdot 10^{18}$ und $5 \cdot 10^{19} cm^{-3}$. Für p-Dotierung können i.a. höhere Werte erreicht werden, z.B. Ge: $4 \cdot 10^{19}$, Be: $5 \cdot 10^{19}$ und Zn: $1 \cdot 10^{20} cm^{-3}$.

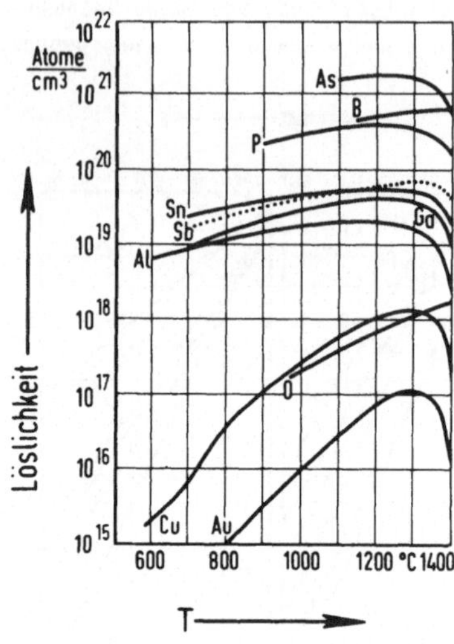

Bild 32:
Maximale Löslichkeit der
wichtigsten Störstellen
in Silizium als Funktion
der Temperatur

Die Elemente der VI. Gruppe (S, Se) können bei der Diffusion jedoch
chemisch mit der GaAs-Oberfläche reagieren. Dies kann aber z. B. durch
entsprechend starke Verdünnung der Donatorenkonzentration in der Gasphase vermieden werden. Bei der Erzeugung von pn-Übergängen in GaAs durch
Diffusion ist derzeit die Zink- und Zinndiffusion am wichtigsten.

Von den verschiedenen Diffusionsmechanismen für die Wanderung von Stör-
stellen-Elementen in Halbleitern ist die substitutionelle Diffusion über
Leerstellen die wichtigste. Hierbei springt das Fremdatom von einer Lücke
im Wirtsgitter auf die nächste Lücke. Dementsprechend ist die Aktivierungsenergie des Diffusionsvorganges W_a in Gl. (5.13) die Energie, die
nötig ist, um eine Leerstelle zu erzeugen. Die Diffusionskonstante hängt
außerdem von der Größe des Störstellen-Ions und von der Coulomb-Wechsel-
wirkung zwischen Störstellen-Ion und Leerstelle ab. Bei Silizium diffundieren im allgemeinen p-Typ Störstellen schneller als n-Typ Störstellen.

Bei GaAs erfolgt die Wanderung der Störstellen über Leerstellen im entsprechenden GaAs-Teilgitter. D. h. Substituenten des Galliums (Elemente der II. Gruppe, wie z. B. Zink) diffundieren im Ga-Teilgitter, während Substituenten des Arsens (Elemente der VI. Gruppe, wie z. B. Se) im As-Teilgitter diffundieren. Da Elemente der IV. Gruppe (z. B. Zinn) amphoter sind, können sie sowohl über Ga- als auch As-Leerstellen wandern. Die relative Besetzungswahrscheinlichkeit von Ga- und As-Plätzen kann dabei durch den Arsendruck während der Diffusion beeinflußt werden.

Daneben gibt es Störstellen-Elemente, die Plätze im Zwischengitter (wie z. B. Lithium und Kupfer in Si) besetzen. Solche Zwischengitter-Störstellen bewegen sich im allgemeinen schneller als Störstellen in Leerstellen.

Schließlich gibt es Störstellen-Elemente, die sowohl auf Leerstellen als auch im Zwischengitter wandern. Es ergibt sich dann eine effektive Diffusionskonstante

$$D_{eff} = D_{Gi} \frac{N_{Gi}}{N_{Gi} + N_{Zw}} + D_{Zw} \frac{N_{Zw}}{N_{Gi} + N_{Zw}} \quad , \qquad (5.14)$$

wobei D_{Gi} die Diffusionskonstante der substitutionellen Diffusion, D_{Zw} die Diffusionskonstante über Zwischengitterplätze und $N_{Gi}/ (N_{Gi} + N_{Zw})$ bzw. $N_{Zw} / (N_{Gi} + N_{Zw})$ die Aufenthaltswahrscheinlichkeiten auf den entsprechenden Plätzen bedeuten. Damit ist die Diffusionskonstante konzentrationsabhängig geworden, und es können sich erhebliche Abweichungen von den einfachen Lösungen (5.6) und (5.12) der Diffusionsgleichung ergeben. Als Beispiel hierfür ist die Zinkdiffusion in GaAs bei hohen Konzentrationen zu nennen, wo sich verglichen mit einem erfc-Verlauf ein wesentlich abrupterer Dotierungsübergang ergibt, als z. B. nach (5.6).

5.3.3. Diffusionsanordnungen

Beim Diffundieren muß sowohl die Halbleiterscheibe als auch die Störstellen-Quelle erhitzt werden. Beispielsweise wird bei Silizium die Diffusion in einem Temperaturbereich von $900^{o}C$ bis $1300^{o}C$ durchgeführt. Das Temperaturprofil über der Halbleiterscheibe muß während des Diffusionsvorganges innerhalb weniger Grad konstant sein. Das Quellenmaterial muß in hoher Reinheit vorliegen. Chemische Reaktionen zwischen Quellenmaterial und Halbleiteroberfläche müssen vermieden werden (es dürfen zumindest keine Verbindungen entstehen, die nicht von der Oberfläche entfernt werden können). Man unterscheidet zwischen <u>geschlossenen</u> und <u>offenen Diffusionsverfahren</u>.

Beim geschlossenen Verfahren befinden sich die Halbleiterscheiben zusammen mit dem Dotierungsstoff in einem Quarzrohr (vgl. Bild 33). Das Rohr wird ausgepumpt, abgeschmolzen und für eine bestimmte Zeit in einen Ofen gebracht. Dieses Verfahren wird vorwiegend bei GaAs angewendet, da in dem

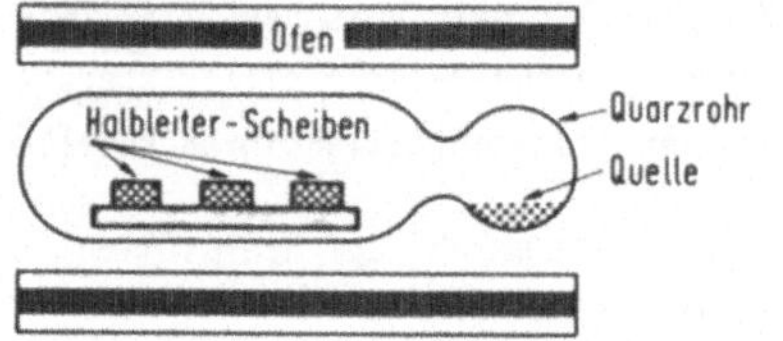

Bild 33:
Geschlossenes Diffusions-
verfahren

geschlossenen Verfahren der notwendige As-Dampfdruck leicht aufrechterhalten werden kann (durch Zugabe von z. B. Arsen).

Beim offenen Diffusionsverfahren (nur bedingt für GaAs geeignet) wird ein kontinuierlicher Gasfluß über die Halbleiterscheibchen geleitet (vgl. Bild 34). Bei Silizium bewirken bei den üblichen hohen Temperaturen

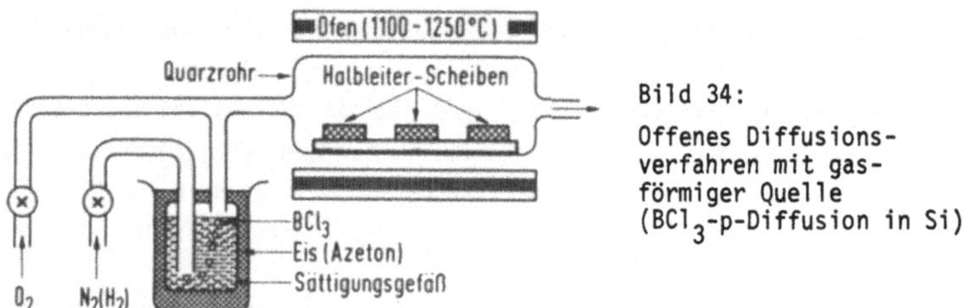

Bild 34:
Offenes Diffusions-
verfahren mit gas-
förmiger Quelle
(BCl_3-p-Diffusion in Si)

nichtoxydierende Trägergase wie H_2 und N_2 eine beträchtliche Erosion und Ätzgrubenbildung auf der Silizium-Oberfläche.Durch zusätzliche Verwendung von O_2 wird die Si-Oberfläche mit einer dünnen, schützenden SiO_2-Schicht bedeckt, die zwar die Erosion verhindert, aber auch die Diffusion des Dotierungsmaterials hemmen kann (vgl. 6.1). Dem Trägergas wird eine bestimmte chemische Verbindung des Dotierungsstoffes beigemengt, wie z. B. BCl_3 zur p-Diffusion oder $POCl_3$ zur n-Diffusion.

In einer Abwandlung kann die Quelle auch fest sein, wie z. B. bei der
P_2O_5-n-Diffusion in Silizium (vgl. Bild 35). Mit einem zweiten Ofen wird

Bild 35:
Offenes Diffusionssystem
mit Quelle in der festen
Phase (P_2O_5-n-Diffusion
in Si)

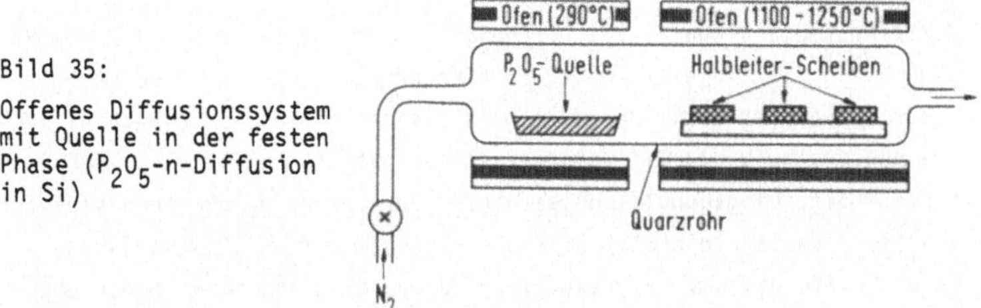

die feste Quelle so weit erhitzt (bei P_2O_5 z. B. $\approx 290^{\circ}$C), daß sie zu verdampfen beginnt. Die verdampften Moleküle der Quelle werden vom Trägergas
zur Diffusionszone transportiert.

Neben der Diffusion aus der Gasphase gibt es insbesondere bei dem offenen
Verfahren noch die direkte Diffusion aus der festen Phase. Bei diesem
Diffusionsverfahren wird die Quelle als Schicht auf die Halbleiterober-
fläche aufgebracht. Die Diffusion aus der festen Phase ist dann erforderlich, wenn das Störstellenmaterial einen sehr geringen Dampfdruck hat.
Dieses Verfahren besitzt außerdem den Vorteil, daß durch Aufbringen der
Quellenschicht die Oberfläche vor Erosion geschützt wird. Bei Silizium werden als feste Quellen aufgeschleuderte SiO_2-Schichten, die z. B. mit Bor
oder Phosphor dotiert sind, verwendet. Dieses Verfahren wird in letzter
Zeit auch bei GaAs mit gutem Erfolg angewendet. Die Dotierschichten bestehen dann auch aus SiO_2 mit Zugaben von z. B. Zinn oder Zink als Donatoren bzw. Akzeptoren. Zur Verbesserung der Oberflächenqualität werden
bei GaAs häufig noch undotierte SiO_2-Schichten zwischen GaAs und Dotier-
schicht aufgebracht. Für die Diffusion aus der festen Phase kommen als
Dotierquellen außerdem noch im Hochvakuum aufgedampfte oder aufgesputter-
te Schichten zur Anwendung: bei Silizium Goldschichten zum gezielten Einbau von Rekombinationszentren, bei GaAs Beryllium-Schichten zur Akzeptor-
diffusion und amorphe Silizium-Schichten zur Donatordiffusion (unter hin-
reichendem As-Druck, da Si amphoter ist).

5.3.4. Abweichungen von der einfachen Diffusionstheorie

5.3.4.1. Zweidimensionale Diffusion

Bei der Planartechnologie (vgl. Abschnitt 6) erfolgt die Diffusion gewöhn-
lich durch ein SiO_2-Fenster. Die Diffusion erfolgt also nur innerhalb
einer durch die SiO_2-Maske begrenzten Halbleiteroberfläche. Eine eindimensionale Beschreibung des Diffusionsvorganges nach Abschnitt 5.3.1 versagt
in diesem Falle, da die Dotierungsatome an der Grenze Halbleiteroberfläche
-SiO_2-Schicht sowohl senkrecht als auch parallel zur Oberfläche (Querdiffusion) diffundieren. Der resultierende Übergang ist dann in der Umgebung des Fensters etwa rinnen- oder kugelkalottenförmig (vgl. Bild 36).

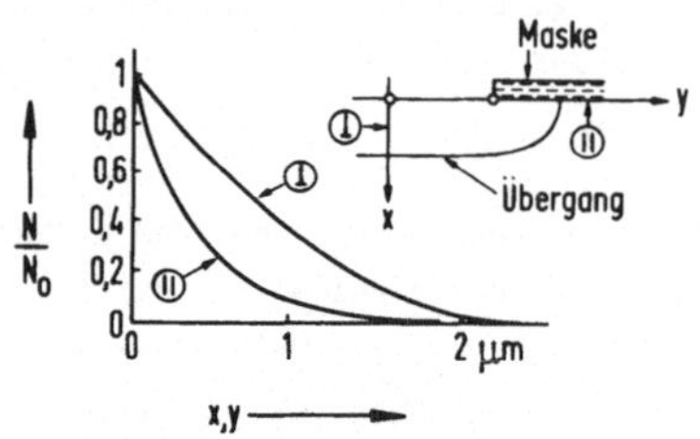

Bild 36:

Konzentrationsverteilungen
senkrecht und parallel zur
Oberfläche bei der Diffusion
durch ein SiO_2-Fenster

5.3.4.2. Feldunterstützte Diffusion

Wenn bei der Diffusion Störstellen in den Halbleiter eindringen, werden
sie ionisiert. Die freigewordenen Ladungsträger treten aber in Wechsel-
wirkung mit den ionisierten Störstellen und beeinflussen deren Transport
im Halbleiter durch die entstehenden internen Raumladungsfelder (ambipo-
lare Diffusion). Beispielsweise bei der Bordiffusion in Silizium disso-
ziieren die eindiffundierenden Boratome in negative Akzeptoren N_A und
Löcher p. Für den Transport der Akzeptoren und Löcher gilt dann jeweils
für die Stromdichte:

$$i_A = q\mu_A\, N_A E + q\, D_A \frac{\partial N_A}{\partial x} \tag{5.15}$$

$$i_p = q\mu_p p E - q\, D_p \frac{\partial p}{\partial x} \qquad . \tag{5.16}$$

Darin ist μ_A und D_A bzw. μ_p und D_p die Beweglichkeit und Diffusionskonstante der Akzeptoren bzw. Löcher in Silizium. E ist die elektrische Feldstärke, die entsteht, um die sich aufbauende Raumladung zu verhindern, da die Löcher schneller wegdiffundieren als die Borionen.

Da während der Diffusion die gesamte Stromdichte angenähert Null sein muß, gilt $i_A \simeq - i_p$. Mit dieser Bedingung kann das interne Feld bestimmt werden:

$$E = \left(D_p \frac{\partial p}{\partial x} - D_A \frac{\partial N_A}{\partial x} \right)\left(\mu_A N_A + \mu_p p \right)^{-1} \quad . \tag{5.17}$$

Bei Ladungsneutralität $p \simeq N_A + n$ und mit $np = n_i^2$ (die Eigenleitungskonzentration n_i ist groß wegen der hohen Diffusionstemperatur) folgt für die Löcherkonzentration

$$p = \frac{N_A}{2}\left\{ 1 + \left[1 + \left(2n_i/N_A \right)^2 \right]^{1/2} \right\} \quad . \tag{5.18}$$

Da stets $\mu_p \gg \mu_A$ und $D_p \gg D_A$, ergibt sich mit (5.18) für das interne Feld (5.17) näherungsweise der Ausdruck

$$E \simeq \frac{1}{N_A} \frac{\partial N_A}{\partial x} \frac{D_p}{\mu_p} \left[1 + \left(2n_i/N_A \right)^2 \right]^{-1/2} \tag{5.19}$$

der zeigt, daß E proportional dem Gradienten der Akzeptoren ist. Setzt man diesen Ausdruck in (5.15) ein, so ergibt sich für i_A:

$$i_A = \left\{ q\, D_A + q\mu_A \frac{D_p}{\mu_p} \left[1 + \left(2n_i/N_A \right)^2 \right]^{-1/2} \right\} \frac{\partial N_A}{\partial x} \quad . \tag{5.20}$$

Nun ist aber $D_p/\mu_p = D_A/\mu_A = kT/q$, so daß aus (5.20) für die effektive, konzentrationsabhängige Diffusionskonstante der Akzeptoren folgt:

$$D_{eff} = D_A \left\{ 1 + \left[1 + \left(2n_i/N_A \right)^2 \right]^{-1/2} \right\} \quad . \tag{5.21}$$

Daraus ergeben sich zwei Grenzwerte:

$$N_A \ll n_i : D_{eff} \simeq D_A$$

$$N_A \gg n_i : D_{eff} \simeq 2\, D_A \quad .$$

Die internen Felder können daher bei hoher Akzeptorkonzentration die Diffusionskonstante verdoppeln. Dementsprechend ist in der Umgebung der Halbleiteroberfläche, wo die Konzentration der Störstellen am größten ist, auch die Abweichung von der einfachen Diffusionstheorie am stärksten. Bild 37 veranschaulicht diesen Befund deutlich für zwei verschiedene Oberflächenkonzentrationen bei der Bor-Diffusion in Silizium.

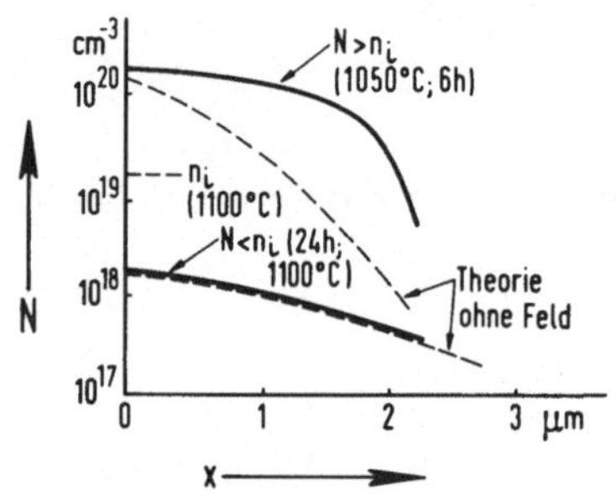

Bild 37:

Feldunterstützte Bor-Diffusion in Silizium für zwei verschiedene Oberflächenkonzentrationen

5.3.4.3. Einfluß mechanischer Spannungen im Gitter auf die Diffusion ("emitter-push"-Effekt)

Der Einfluß mechanischer Spannungen im Gitter (z. B. Versetzungen) auf die Diffusionstiefe kann bei zweimaliger Diffusion auftreten. Er besteht in einer verstärkten Diffusion einer bereits diffundierten Zone in Bereichen, wo eine zweite hochkonzentrierte Schicht in den Halbleiter diffundiert wird. Dies tritt z. B. in Transistor-Strukturen bei der Emitter-Diffusion auf (daher "emitter-push"-Effekt). In Bild 38 ist bei Silizium die als

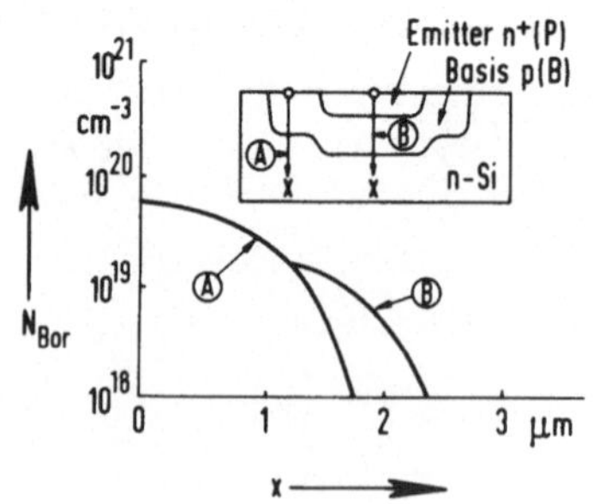

Bild 38:

Bor-Verteilung in Silizium unter einer hochkonzentrierten Phosphor (Emitter)-Schicht

Emitter-Zone eindiffundierte Phosphorkonzentration um Größenordnungen höher als die Bor-Konzentration in der Basis-Zone. Man sieht, daß die Phosphor-Diffusion die bereits vorhandene Borverteilung vor sich herschiebt. Es resultiert eine inhomogene Phosphor-Diffusionsfront, die ein ungünstiges Hochfrequenz-Verhalten des Transistors zur Folge hat. Als Ursache dieses Effektes wird angenommen, daß durch die hohe Konzentration der Dotierungsstoffe zusätzlich im Wirtsgitter Versetzungen erzeugt werden und daß entlang der Versetzungslinien die Dotierungsstoffe tiefer in das Silizium eindiffundieren.

5.4. Epitaxieverfahren

Die verschiedenen Epitaxieverfahren sind in den Abschnitten 3.2.1, 3.3.1 bis 3.3.3 beschrieben. In diesem Abschnitt werden die Vorgänge erläutert, die bei der Herstellung von pn-Übergängen und von Leitfähigkeitsprofilen mittels der Epitaxie eine entscheidende Rolle spielen. Einer der Vorteile der Epitaxie ist, daß man damit praktisch beliebige Dotierungs- bzw. Leitfähigkeitsprofile herstellen kann.

Beim Epitaxie-Prozeß enthält die epitaxiale Schicht entweder Dotierungsstoffe mit verschiedenem Leitungscharakter und mit verschiedener oder gleicher Konzentration im Vergleich zur Substratdotierung (z. B. pn-Übergang) oder Dotierungsstoffe mit gleichem Leitungscharakter, jedoch mit verschiedener Konzentration (z. B. n^+n-Profil).

Epitaxiales Wachstum geht i.a. bei erhöhten Temperaturen vor sich, so daß die Diffusion nicht vernachlässigt werden kann[+]. Besonders wichtig ist dabei, daß das Ausdiffundieren von Verunreinigungen und Dotierungsstoffen des Substrates in die epitaxiale Schicht möglichst gering gehalten wird. Die Dotierungsverteilung in der epitaxialen Schicht setzt sich aus zwei Anteilen zusammen (Bild 39): aus der Konzentration $N_1(x,t)$ der aus dem Substrat diffundierenden Dotierungsstoffe und aus der Konzentration $N_2(x,t)$, die durch Diffusion (z. B. aus der Gasphase) während des Epitaxie-Prozesses entsteht. Dementsprechend setzt sich $N_2(x,t)$ auch im Substrat fort. Die resultierende Konzentrationsverteilung $N_t(x,t)$ ist:

[+] Ausnahme: Molekularstrahlepitaxie; hier ist die Temperatur während des Epitaxieprozesses so gering, daß die Diffusion vernachlässigt werden kann.

Bild 39:

Konzentrationsverteilung der Dotierungsstoffe beim epitaxialen Aufwachsen

$$N_t(x,t) = \left| N_1(x,t) \pm N_2(x,t) \right| \qquad (5.22)$$

wobei das Pluszeichen für Leitfähigkeitsprofile und das Minuszeichen für pn-Übergänge gilt.

Eine geschlossene Lösung dieses Diffusionsproblems ist wegen der mit der Aufwachsgeschwindigkeit v sich bewegenden Grenze Schicht - Gas (vgl. Bild 39) nicht möglich. Ist jedoch die epitaxiale Aufwachsrate größer als die Diffusionsgeschwindigkeit (bzw. ist x_f = vt > $\sqrt{Dt}$; üblicherweise ist $x_f \simeq 10$ µm und $\sqrt{Dt} \simeq 1$ µm), dann erhält man angenähert die Lösung sehr viel einfacher aus dem Problem der Diffusion aus einem Konzentrationssprung (vgl. Bild 40). Dies bedeutet, daß bezüglich der Diffusion die epitaxiale Schicht sofort auf die Dicke $x_f \to \infty$ gewachsen ist. Nimmt man

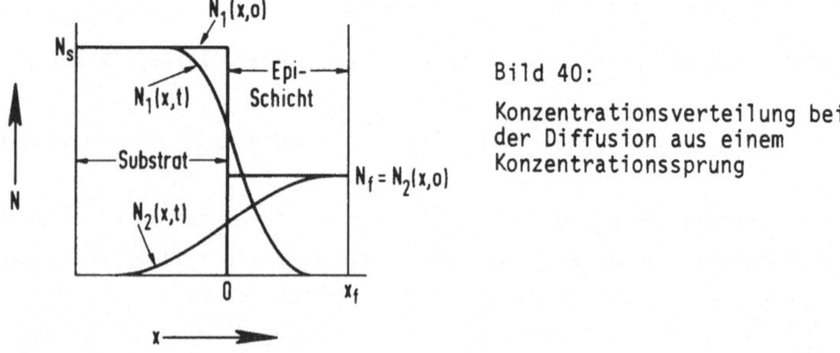

Bild 40:

Konzentrationsverteilung bei der Diffusion aus einem Konzentrationssprung

ferner an, daß auch das Substrat unendlich dick ist, dann ergibt sich als Lösung (vgl. Gl. (5.9)):

$$N_t(x,t) = \left| \frac{N_s}{2} \left(1 - \operatorname{erf} \frac{x}{2\sqrt{D_1 t}}\right) \pm \frac{N_f}{2} \left(1 + \operatorname{erf} \frac{x}{2\sqrt{D_2 t}}\right) \right| \cdot (5.23)$$

Darin ist N_s die Konzentration im Substrat ($N_t(-x, 0)$) und N_f die Konzentration in der epitaxialen Schicht ($N_t(+x, 0)$) zur Zeit $t = 0$, D_1 bzw. D_2 sind die Diffusionskonstanten der Dotierungsstoffe im Substrat bzw. in der epitaxialen Schicht.

Für Leitfähigkeitsprofile (oberes Vorzeichen in (5.23)) ergeben sich folgende Konzentrationsverteilungen:

Ist $N_s > N_f$, aber $D_1 = D_2$ (gleiches Dotierungsmaterial in Substrat und Schicht), dann ergibt sich ein kontinuierlicher Übergang vom Substrat zur

Bild 41:

Leitfähigkeitsprofil für $N_s > N_f$ und $D_1 \geq D_2$

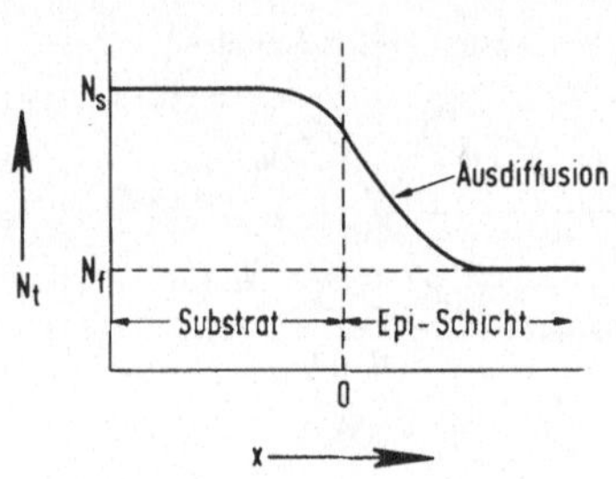

Schicht, wobei die Ausdiffusion wesentlich von der Diffusionskonstanten abhängt (Bild 41). Ein ähnlicher Verlauf wie in Bild 41 resultiert auch für $D_1 > D_2$. Ist jedoch $D_1 < D_2$, dann stellt sich im Dotierungsprofil in der epitaxialen Schicht vor dem Substrat eine Mulde ein (vgl. Bild 42).

Bild 42:

Leitfähigkeitsprofil für $N_s > N_f$ und $D_1 < D_2$

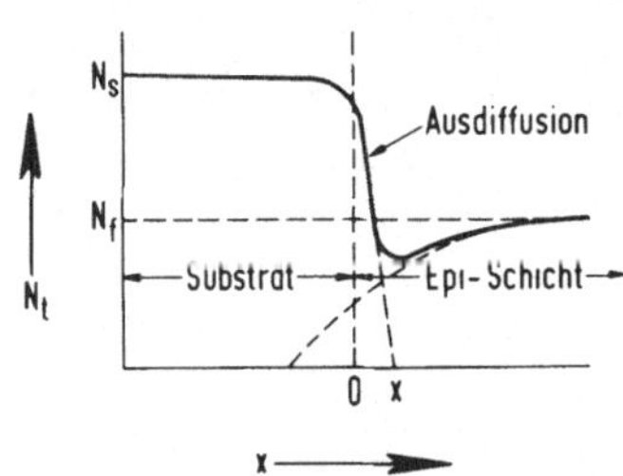

Diese hochohmige Zwischenschicht macht jedoch die epitaxiale Schicht für die meisten Anwendungen unbrauchbar.

Bei pn-Übergängen ist das untere Vorzeichen in (5.23) zu verwenden. In Bild 43 ist $N_2(x,t)$ für verschiedene N_f und D_2 und $N_1(x,t)$ aufgetragen. Den Ort $x = x_j$ des pn-Überganges findet man allgemein aus der Bedingung $N_t(x_j,t) = 0$ (bei $x = x_j$ ist die Raumladung gerade Null):

$$N_s/N_f = \frac{1 - \text{erf } x_j/2\sqrt{D_1 t}}{1 + \text{erf } x_j/2\sqrt{D_2 t}} \qquad . \qquad (5.24)$$

Ist $N_s = N_f$, dann ist unabhängig von D_1 und D_2 und t der Übergang stets bei $x_j = 0$ (vgl. Bild 43).

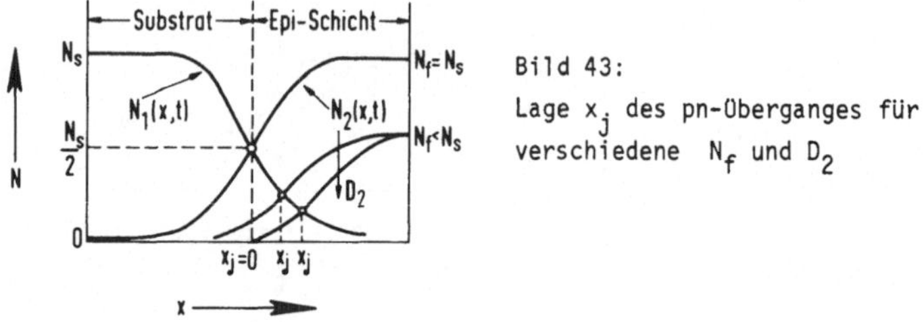

Bild 43:
Lage x_j des pn-Überganges für verschiedene N_f und D_2

Ist jedoch $N_f < N_s$, so rückt der Übergang nach rechts in die epitaxiale Schicht, wobei mit abnehmendem D_2 der Übergang noch stärker in die Schicht wandert.

5.5. Ionen-Implantation

Ionen-Implantation ist ein relativ neues, aber zukunftsreiches Verfahren zur Herstellung von oberflächennahen Dotierungsschichten [7]. Bei dieser Methode werden Ionen einer bestimmten Dotierungsart mit Energien zwischen 10 keV bis 100 keV auf die Halbleiterscheiben geschossen (Bild 44). Die in der Ionenquelle stets vorhandenen verschiedenen Ionenarten werden durch Ablenkung im Magnetfeld nach den verschiedenen Ionenmassen getrennt und mit einer Blende aussortiert. Mit dem Ablenksystem kann der Ionenstrahl über die Oberfläche des Halbleiters abgelenkt werden.

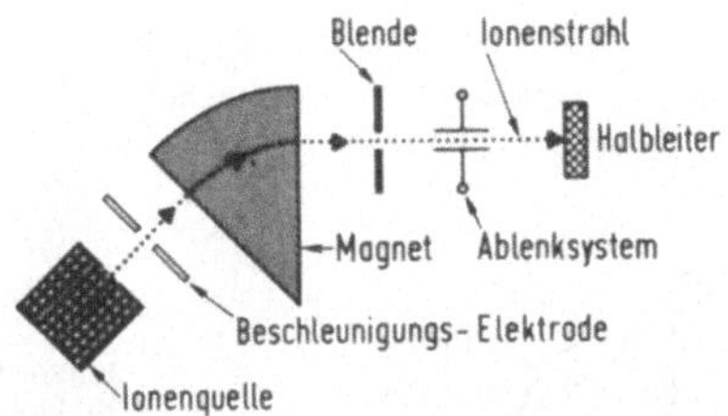

Bild 44:

Schema einer Ionen-
Implantationsanlage

Die Konzentrationsverteilung der implantierten Ionen läßt sich bei einem
amorphen Substrat angenähert durch eine Gaußverteilung um eine mittlere
Reichweite R beschreiben (Bild 45). Die mittlere Reichweite R ist angenähert proportional der Ionenenergie und umgekehrt proportional der Ionenmasse und der Dichte des Substrates. Die relative Schwankungsbreite $\Delta R/R$

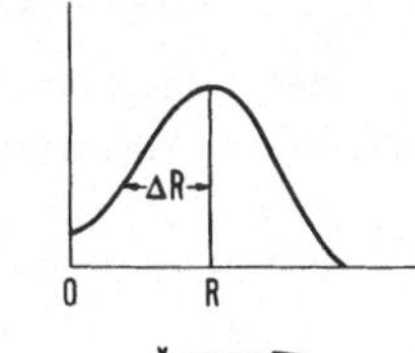

Bild 45:

Gaußförmige Konzentrationsverteilung
N implantierter Ionen in einem
amorphen Substrat (R = mittlere
Reichweite; ΔR = Schwankungsbreite

hängt hauptsächlich vom Verhältnis der Ionenmasse zur Masse der Substrat-
atome ab.

Bei der Implantation einkristalliner Halbleiter hängt die Konzentrations-
verteilung der implantierten Ionen jedoch wesentlich von der Kristallorientierung bezüglich der Richtung des Ionenstrahls ab. Wird z. B. der
Ionenstrahl parallel zwischen zwei Kristallebenen geschossen, so durch-
dringt der Ionenstrahl fast verlustlos den Kristall. Hinzu kommt noch eine
Art Fokussierung des Ionenstrahls ("channeling") durch die abstoßenden
Felder der Gitteratome. Die Folge ist eine erhöhte Eindringtiefe der
Ionen, die in diesem Fall bis um eine Größenordnung die mittlere Reichweite bei amorphen Substraten übertreten kann. Vermeidet man jedoch eine
exakte Ausrichtung zwischen Ionenstrahl und Kristallorientierung, dann erhält man auch bei Einkristallen eine Konzentrationsverteilung ähnlich wie
bei amorphen Substraten. Dies zeigt Bild 46 für 30 keV Bor-Ionen in Sili-
zium, mit einer Ausrichtung des Ionenstrahls von $\pm\ 2^{o}$ bezüglich der $\langle 111 \rangle$-

Richtung des Siliziumkristalls. Die durchgezogene Linie entspricht der Theorie für amorphe Substrate. R_{max} ist die maximale mittlere Reichweite der Ionen bei exakter Ausrichtung des Ionenstrahls mit der ⟨111⟩ -Richtung (channeling).

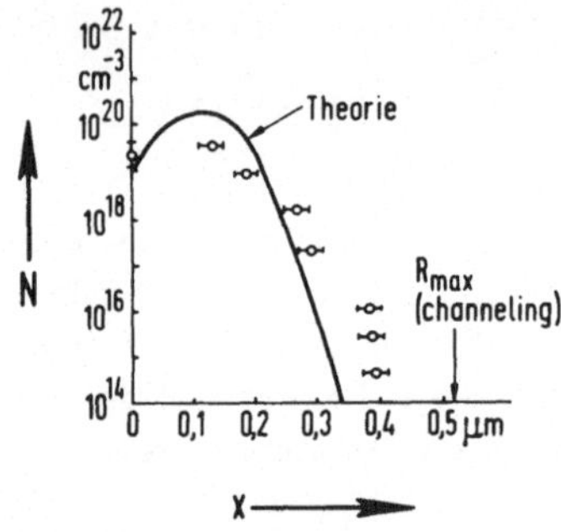

Bild 46:

Konzentrationsverteilung von 30 keV-Bor-Ionen in Silizium (Orientierung des Ionenstrahls innerhalb ± 2° bezüglich der ⟨111⟩ -Richtung)

Bei zu hohen Ionendosen (z. B. $> 10^{14}$ cm^{-2}) entstehen im einkristallinen Halbleiter Strahlenschäden, z. B. amorphe Zonen. Dies kann jedoch vermieden werden, wenn während oder nach der Implantation das Substrat erhitzt wird (zwischen 300 und 800°C). Das den gestörten Bereich umgebende Gitter wirkt dann als Kristallisationskeim für die Restaurierung des Kristalls. Gleichzeitig wird bei diesem Ausheilprozeß der Halbleiter elektrisch aktiviert. Erfolgt z. B. die Implantation von Antimon-Ionen in Silizium bei Zimmertemperatur, so steigt die Konzentration der substituierten Antimon-Ionen und gleichzeitig die Ladungsträgerkonzentration bei einer Ausheiltemperatur von etwa 500°C sprunghaft an und erreicht bei etwa 700°C die Konzentration der insgesamt implantierten Ionen. Der starke Anstieg der Ladungsträgerkonzentration mit der Temperatur ist eine Folge der Rekristallisation der amorphen Zone.

Mit Hilfe der Ionenimplantation werden insbesondere oberflächennahe pn-Übergänge hergestellt. Der pn-Übergang liegt nur etwa 0,3 µm tief unter der Oberfläche im Gegensatz zu 1 - 3 µm bei diffundierten Übergängen. Für die Bauelementherstellung ist dieses von Vorteil, da sich eine günstigere Abfuhr der Verlustwärme durch die dünnere implantierte Schicht (kleinerer thermischer Widerstand) erreichen läßt. Bei Lawinenlaufzeit-Dioden (vgl. 5.6.3.2), wo Wärme hauptsächlich in der schmalen Lawinenzone am pn-Übergang entsteht, ergibt sich beispielsweise eine

Betriebs-(Sperrschicht)-Temperatur bei implantierten Lawinenlaufzeit-Dioden, die etwa um $50^{\circ}C$ geringer ist als bei konventionellen Dioden.

Implantierte Übergänge sind im allgemeinen ebener, da bei einer oberflächennahen Diffusion Störungen der Kristalloberfläche (Versetzungen) in höherem Maße produziert werden. Außerdem spielen chemische Reaktionen und Ausdiffusion wegen der bei der Implantation relativ niedrigen Temperaturen eine geringe Rolle. Da die Ionenimplantation kein Gleichgewichtsprozeß ist - die Bewegung der Ionen in dem Kristall erfolgt auf Grund ihrer kinetischen Energie und nicht aus einem Konzentrationsgradienten wie bei der Diffusion - kann prinzipiell die bei der Diffusion maßgebliche maximale Löslichkeit der Störstellen im Halbleiter überschritten werden. Daraus ergibt sich die Möglichkeit der Herstellung sehr hoch dotierter Schichten.

Bei geeigneter Oberflächenmaskierung (z. B. dicke SiO_2-Schicht) sind die pn-Übergänge lateral scharf begrenzt (im Gegensatz zu diffundierten Übergängen; vgl. 5.3.4.1). Ionen-Implantation wird deshalb vorteilhaft bei der Planartechnologie angewendet, z. B. bei der Herstellung von MOS-Feldeffekttransistoren (vgl. 8.2.3) und bei integrierten Schaltungen.

Die Ionenimplantation wird bei der Siliziumtechnologie mit gutem Erfolg angewendet; bei Zwei- oder Mehrkomponenten-Halbleitern ist dieses Verfahren aber noch in der Erprobung. Jedoch gerade hier, bei der Dotierung von Halbleitern mit einer flüchtigen Komponente (z. B. GaAs, InAs) oder mit großem Bandabstand (z. B. SiC und dementsprechend sehr hohen erforderlichen Diffusionstemperaturen) werden von der Ionenimplantation wesentliche Fortschritte erwartet. Für GaAs gibt es eine weitere wichtige Anwendung der Ionenimplantation: die Erzeugung von semiisolierenden (hochohmigen) Bereichen (z. B. zur seitlichen Begrenzung von optoelektronischen Bauelementen). Hierzu werden hochenergetische Ionen (z.B. H-Ionen mit 250 keV) auf nicht abgedeckte GaAs-Bereiche geschossen, die dort das Kristallgefüge (bis zu 2 µm tief) elektrisch inaktiv machen.

5.6. Charakterisierung von Übergängen und Profilen

5.6.1. Bestimmung der Lage des Überganges

Zur Bestimmung der Tiefe eines pn-Überganges muß der Übergang zunächst

freigelegt werden. Dies geschieht entweder mit Hilfe eines Schrägschlif-
fes (Bild 47a) oder indem mit einer Metallkugel eine Kalotte in die
Halbleiteroberfläche geschliffen wird (Bild 47b). Die Sichtbarmachung des

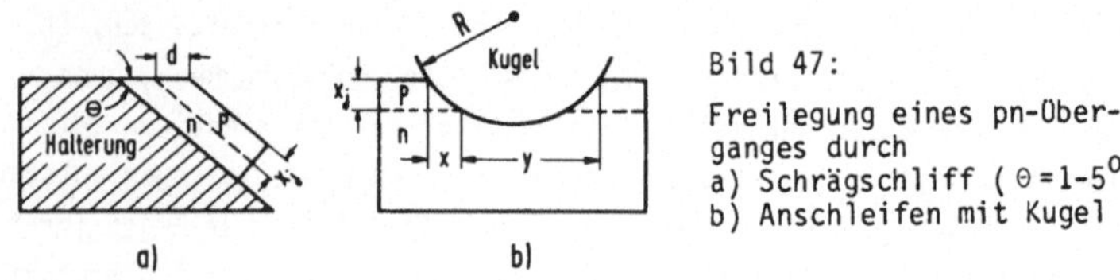

Bild 47:

Freilegung eines pn-Über-
ganges durch
a) Schrägschliff ($\Theta = 1\text{-}5^O$)
b) Anschleifen mit Kugel

pn-Überganges erfolgt mit den unter 4.2.5.2 angegebenen Strukturätzen.
Aus dem Kontrast zwischen p- und n-Seite kann dann die Tiefe x des Überganges bestimmt werden. Da der Winkel des Schrägschliffs sehr klein ist
($\Theta = 1\text{-}5^O$), ergibt sich die Tiefe des Überganges $x_j = \Theta \cdot d$; bei der Kugelschliff-Methode, die eine sehr genaue Bestimmung von x_j zuläßt, erhält
man

$$x_j = xy/D \tag{5.25}$$

wobei D der Durchmesser der Kugel ist (die Abmessungen x und y (vgl.Bild
47b) werden mit dem Mikroskop ausgemessen). Mit der Kugelschliff-Methode
lassen sich vor allem dünne Schichten bis zu etwa 0,1 µm Dicke mit einer
Genauigkeit von ± 10 % bestimmen.

Zur Bestimmung der Tiefe von Leitfähigkeitsstufen (z. B. nn^+-Übergang)
werden die gleichen Verfahren wie oben genutzt. Allerdings werden hier
andere Strukturätzen verwendet (vgl. 4.2.5.2).

5.6.2. Auswertung der Profile

5.6.2.1. Rechnerische Methode beim pn-Übergang

Ist N (x,t) die Konzentration der diffundierten Zone und ist N_v die konstante Volumenkonzentration (mit entgegengesetztem Ladungscharakter),
dann ist die Tiefe x_j des pn-Überganges definiert durch (vgl. Bild 48)

$$N (x_j, t) = N_v \quad . \tag{5.26}$$

Bild 48:

Lage x_j des pn-Überganges in einem Halbleiter mit konstanter Dotierung N_V und Diffusionsprofil $N(x,t)$

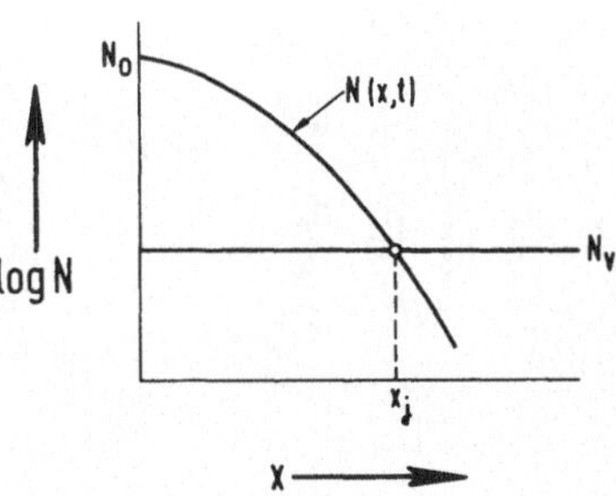

Wenn man annimmt, daß $N(x,t)$ durch eine der beiden bekannten Verteilungen (5.6) bzw. (5.12) beschrieben werden kann, und daß die Diffusionszeit t, die Diffusionskonstante D, N_V und x_j bekannt ist, so kann aus (5.26) die Oberflächenkonzentration N_0 (Bild 48) und damit der Verlauf von $N(x,t)$ bestimmt werden.

Eine Überprüfung der Gültigkeit der Annahme, daß $N(x,t)$ durch einfache Diffusionsprofile beschrieben werden kann, ist die Bestimmung der Oberflächenkonzentration mit einer anderen Methode. Dazu wird der mittlere spezifische Widerstand $\bar{\varrho}$ der diffundierten Schicht bestimmt. Für das Beispiel einer diffundierten n-Zone gilt:

$$\frac{1}{\bar{\varrho}} = \frac{q}{x_j} \int_0^{x_j} \mu_n \, n(x) \, dx \qquad . \tag{5.27}$$

Zur Auswertung von (5.27) muß der Zusammenhang zwischen der Beweglichkeit μ_n der Elektronen sowie der Elektronenkonzentration $n(x)$ und der Störstellenkonzentration $N(x,t)$ bekannt sein. Bei vollständiger Ionisierung der Störstellen ist $N(x,t) = n(x)$.

Für die Näherung einer Rechteckverteilung von $N(x,t)$ und $\mu_n (N(x,t)) = $ const folgt für (5.27):

$$1/\bar{\varrho} = q\mu_n (N_0 - N_V) \qquad . \tag{5.28}$$

Der mittlere spezifische Widerstand der diffundierten Schicht wird mit der Vierspitzen-Methode gemessen (vgl. Bild 49). Der Abstand s zwischen

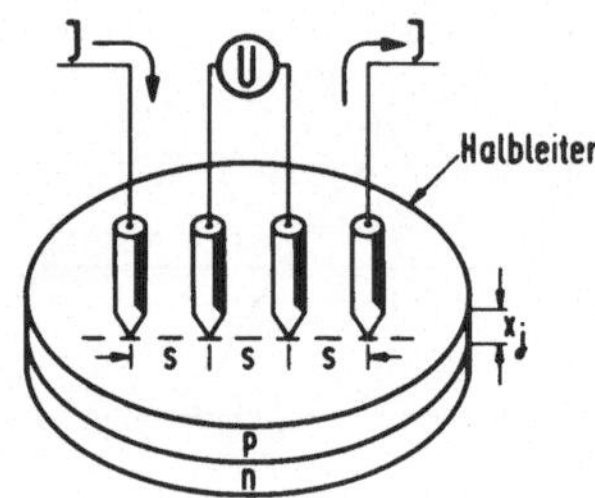

Bild 49:

Vierspitzen-Methode zur Bestimmung des mittleren spezifischen Widerstandes

den Metallelektroden beträgt etwa 1 mm. In die beiden äußeren Spitzen wird der Strom J injiziert. Dieser Strom bewirkt an den beiden mittleren Spitzen einen Spannungsabfall U, der über eine Kompensationsvorrichtung gemessen werden kann. Bei großen Querdimensionen des Halbleiters und bei flachen Übergängen ($x_j \ll s$) folgt für den Oberflächenwiderstand

$$\varrho_\square = \frac{\pi}{\ln 2} \cdot \frac{U}{J} = 4{,}53 \frac{U}{J} \tag{5.29}$$

und für den mittleren spezifischen Widerstand $\bar{\varrho}$ der Schicht von der Dicke x_j:

$$\bar{\varrho} = 4{,}53 \frac{U}{J} x_j \quad . \tag{5.30}$$

Für andere Halbleitergeometrien sind in (5.29) und (5.30) entsprechende Korrekturfaktoren einzusetzen [8].

Mit $\bar{\varrho}$ aus (5.30) kann somit N_o aus (5.28) berechnet und mit dem Wert aus der Bedingung (5.26) verglichen werden.

Die Vierspitzen-Methode, die bei Silizium erfolgreich angewendet wird, muß bei GaAs modifiziert werden. Wegen der gleichrichtenden Wirkung müssen anstelle der Spitzen Ohmsche Kontakte aufgedampft werden.

5.6.2.2. Radioaktive Methode

Die Konzentrationsverteilung von eingebauten Störstellen kann mit radioaktiven Methoden bestimmt werden, wenn man z. B. beim Diffundieren oder

während der Epitaxie ein radioaktives Isotop des betreffenden Dotierungsstoffes verwendet (z. B. radioaktives PCl_3). Darüber hinaus können die
bereits eingebauten Störstellen auch durch Neutronenbestrahlung aktiviert
werden (diese Methode versagt jedoch bei der Bor-Dotierung).

Bei diesem Verfahren wird der radioaktive Halbleiter mit den entsprechenden Politurätzen (vgl. 4.2.5.1) Schicht um Schicht abgetragen und mit
einem Detektor die Anzahl der im Halbleiter enthaltenen Isotope gemessen.
Die Dicke der abgetragenen Schicht wird aus dem Gewichtsverlust des Halbleiters ermittelt. Durch Vergleich mit bekannten Zerfallskurven kann damit
die Konzentrationsverteilung bestimmt werden.

5.6.2.3. Vierspitzen-Methode

Wie bei der radioaktiven Methode so wird auch bei der Vierspitzen-Methode
(vgl. Bild 49) der Halbleiter Schicht um Schicht abgetragen. Dabei wird
jeweils der Oberflächenwiderstand ermittelt (Gl. (5.30)). Der mittlere
spezifische Widerstand der abgetragenen Schicht ist dann

$$\bar{\varrho} = \frac{\varrho_{\square 1} \cdot \varrho_{\square 2}}{\varrho_{\square 1} - \varrho_{\square 2}} \cdot \Delta x \tag{5.31}$$

darin ist Δx die Dicke der abgetragenen Schicht und $\varrho_{\square 1}$ bzw. $\varrho_{\square 2}$ ist
der Oberflächenwiderstand vor bzw. nach dem Abtragen.

Mit dieser Methode erhält man zunächst einen $\bar{\varrho}(x)$-Verlauf, der dann
(z. B. mit Bild 18) in eine Konzentrationsverteilung umgerechnet werden
kann.

5.6.2.4. Kapazitäts-Methode

Die Störstellen-Konzentrationsverteilung $N(x)$ kann ferner bestimmt werden,
wenn aus dem Halbleiter eine Diode hergestellt werden kann, z. B. mit
einem pn-Übergang. Bei Rückwärtspolung entsteht dann eine von beweglichen
Ladungsträgern freie Raumladungszone mit der Raumladungskapazität C_R pro
Flächeneinheit:

$$C_R = \varepsilon_0 \varepsilon_r / w \tag{5.32}$$

darin ist w die von der Sperrspannung U abhängige Weite der Raumladungs-
zone, ε_o ist die Dielektrizitätskonstante im Vakuum und ε_r ist die relative Dielektrizitätskonstante des Halbleiters. Der Ausdruck (5.32) gilt
für ein beliebiges Dotierungsprofil im Halbleiter. Der Verlauf von w über
der angelegten Spannung hängt jedoch von der Konzentrationsverteilung N(x)
der vorhandenen Dotierungsstoffe ab.

Voraussetzung der Anwendbarkeit der Kapazitätsmethode zur Bestimmung von
N(x) ist, daß sich die Raumladungszone hauptsächlich in der Schicht aus-
bildet, deren Dotierungsprofil N(x) zu bestimmen ist. Diese Voraussetzung
ist z. B. bei Verwendung von hochdotierten, <u>einseitig abrupten pn-Ober-
gängen</u> (vgl. Bild 52 und 9.4) gut erfüllt. In diesem Fall gilt:

$$N(w(U)) = \frac{2}{q\varepsilon_o\varepsilon_r} \cdot \frac{1}{d(1/C_R^2)/dU} \tag{5.33}$$

darin ist N(w) die Dotierungskonzentration am Ende der Raumladungszone.
Zur Auswertung von (5.33) wird zunächst mit einer Meßbrücke $C_R(U)$ aufge-
nommen und dann $1/C_R^2$ als Funktion der Vorspannung aufgetragen (vgl. Bild
50). Aus der Steigung im Meßpunkt $U = U_o$ erhält man mit (5.33) $N(w(U_o))$.
Der zugehörige Ordinatenabschnitt $1/C_{R_o}^2$ ergibt mit (5.32) die entsprechende Raumladungsweite $w(U_o)$. Durch Variation von U erhält man somit
schließlich N(w).

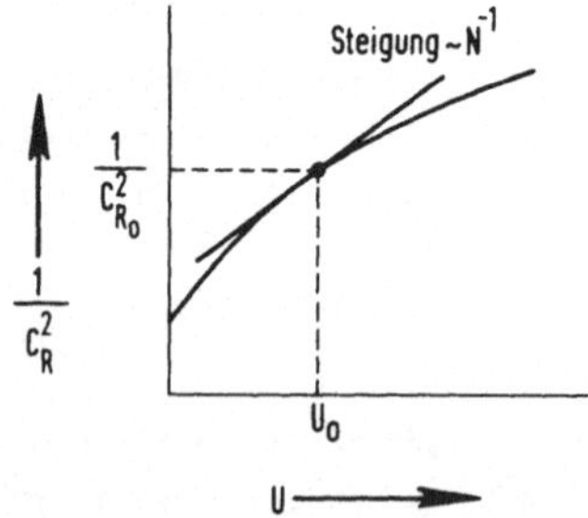

Bild 50:
Bestimmung des Verlaufs von
N(w) aus $1/C_R^2$ über U

Anstelle eines pn-Überganges kann zur Bestimmung von N(x) entweder ein
<u>Schottky-Kontakt</u> oder eine <u>MIS</u> (<u>M</u>etal-<u>I</u>nsulator-<u>S</u>emiconductor)-<u>Struktur</u>
verwendet werden. Die Herstellung dieser Strukturen ist im Vergleich zur
Diffusion (bei Anwendung eines pn-Überganges zur Bestimmung von N(x))

relativ einfach. Beim Schottky-Kontakt wird auf die Oberfläche des zu
untersuchenden Halbleiters ein gleichrichtender Metallkontakt aufgedampft (bei Si z.B. Platin; vgl. 7.2.2 und Bild 51a). Bei der MIS-Struktur wird auf die Oberfläche eine dünne Isolatorschicht (vgl. 6.2) aufgebracht, die anschließend noch kontaktiert wird (vgl. Bild 51b). Da sich

Bild 51:

Kapazitäts-Methode zur Bestimmung
von N(x) mit
a) Schottky-Kontakt
b) MIS-Struktur

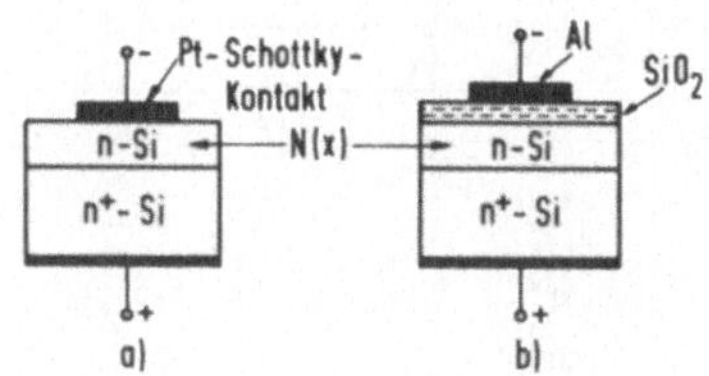

sowohl der Schottky-Kontakt in Sperr-Richtung (vgl. 7.1.) als auch die
MIS-Struktur bei Polung in Verarmung elektrisch wie ein abrupter pn-Übergang verhält, kann mit der gleichen Methode wie oben N(w) bestimmt werden.

Bei den drei Verfahren (pn-Übergang, Schottky-Kontakt, MIS-Struktur) ist
der Spannungsbereich und damit die maximale Weite w der Raumladungszone
durch den Halbleiterdurchbruch begrenzt. Durchbruchspannung und Raumladungsweite beim Durchbruch hängen von der Dotierungskonzentration ab
(vgl. 9.5.). Ist die zu untersuchende Halbleiterschicht größer als die
Raumladungsweite beim Durchbruch, dann wird der Halbleiter stufenförmig
abgetragen und die Kapazitäts-Methode wird jeweils an jeder Stufe durchgeführt.

5.6.3. Beispiele für Profile

5.6.3.1. pn-Übergänge

Je nach dem Herstellungsverfahren unterscheidet man _abrupte_ (steile) und
lineare pn-Übergänge. Abrupte pn Übergänge werden erzeugt beim Legieren,
bei der flachen Diffusion ($x_j \lesssim 1\ \mu m$), bei Ionenimplantation und bei Dotierung während des epitaxialen Aufwachsens, insbesondere bei der Molekularstrahlepitaxie. Die Oberflächenkonzentration N_0 ist viel größer als
die Grunddotierung N_V (mit anderem Ladungscharakter) des Halbleiters

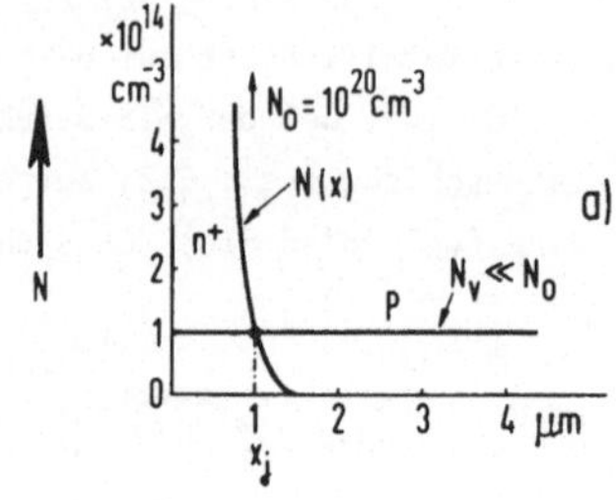

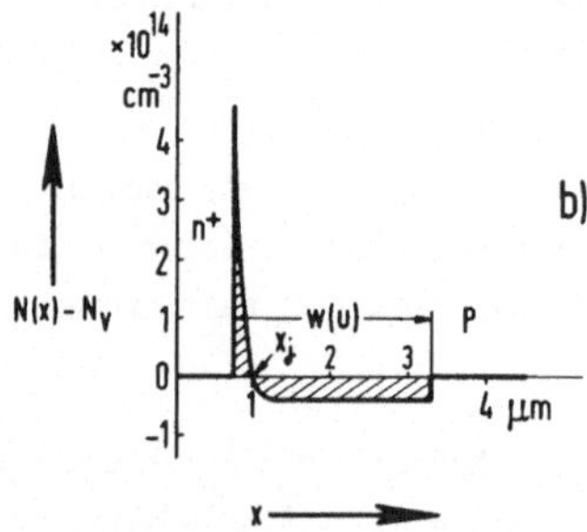

Bild 52:

Abrupter pn-Übergang

a) Konzentrationsverteilung

b) Raumladungsverteilung bei
   Vorspannung in Sperr-Richtung

(vgl. Bild 52a). Bei Vorspannung in Sperr-Richtung bildet sich die Raumladungszone der Weite w hauptsächlich im schwächer dotierten Teil des
Halbleiters aus (vgl. Bild 52b). Die Raumladungsweite w für einen einseitig abrupten Übergang lautet ($N_v \ll N_0$):

$$w(U) = \left[\frac{2\,\varepsilon_0\varepsilon_r}{q\,N_v}\,(U_D - U)\right]^{1/2} \tag{5.34}$$

darin ist U_D die Diffusionsspannung (vgl. 9.4). Zusammen mit (5.34) erhält man aus (5.32) die spannungsabhängige Raumladungskapazität C_R.
Lineare pn-Übergänge lassen sich sehr gut bei der Gasphasenepitaxie realisieren oder entstehen bei tiefer Diffusion ($x_j \approx 10\ \mu m$; vgl.Bild 53). In
der Umgebung des Überganges kann dann die Konzentrationsverteilung durch
eine Gerade angenähert werden. Die Steigung für den linearen Übergang
beschreibt der charakteristische Konzentrationsgradient a:

$$a = \left.\frac{dN(x)}{dx}\right|_{x\,=\,x_j} \quad . \tag{5.35}$$

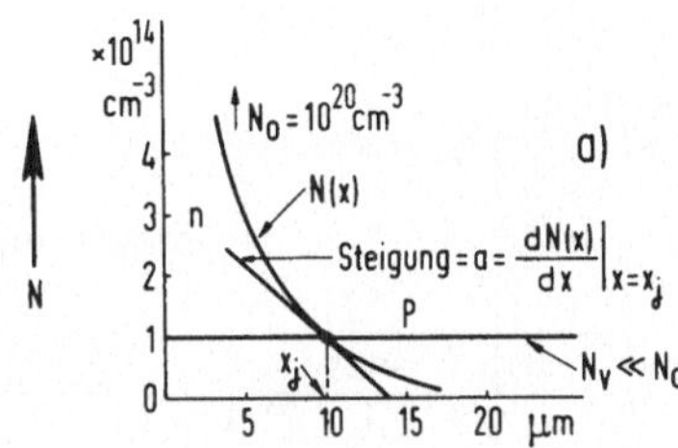

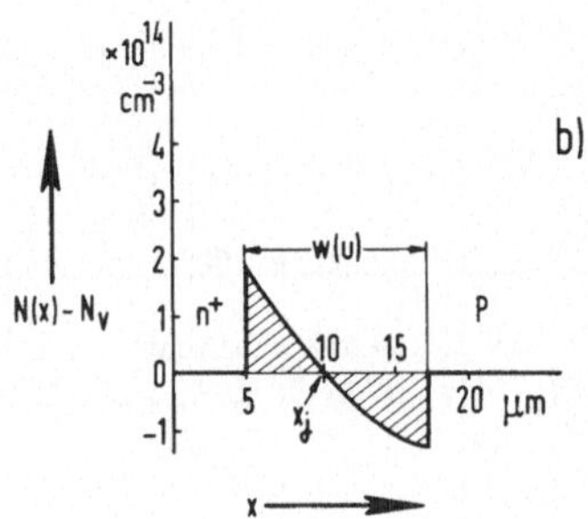

Bild 53:

Linearer pn-Übergang

a) Konzentrations-
   verteilung

b) Raumladungsverteilung
   bei Vorspannung in
   Sperr-Richtung

Auch hier ist wieder $N_V \ll N_O$. Jedoch breitet sich beim linearen Übergang die Raumladungsweite sowohl im n - als auch im p-Gebiet aus. Die Raumladungsweite ist gegeben durch:

$$w(U) = \left[\frac{12\,\varepsilon_o \varepsilon_r}{q\,a}\,(U_D - U)\right]^{1/3} \quad . \tag{5.36}$$

5.6.3.2. Lawinenlaufzeit-Diode

Lawinenlaufzeitdioden werden im Frequenzbereich von etwa 5-200 GHz als Verstärker und Oszillatoren mit gutem Wirkungsgrad angewendet. Ausgangsmaterial ist epitaxiales Silizium oder GaAs ($n \approx 10^{16} - 10^{17} cm^{-3}$) auf niederohmigem Substrat. Ein abrupter pn Übergang wird durch p^+-Diffusion oder Ionenimplantation erzeugt. Die Länge der verbleibenden n-Zone bestimmt die Betriebsfrequenz der Diode (ähnlich zu Gl.(5.37)); für z. B. 8 GHz muß die Länge etwa 5 μm betragen (Bild 54). Bei Polung in Sperr-Richtung entsteht im Feldstärkemaximum ($\approx 10^5$ V/cm; strichpunktierte Kurve in Bild 54) am pn-Übergang Lawinenmultiplikation, die zusammen mit der Laufzeitverzögerung in der n-Zone zu einem negativen Hochfrequenz-

84

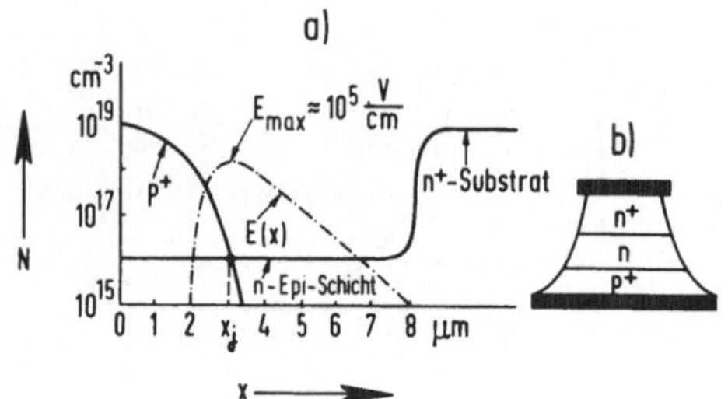

Bild 54:

Lawinenlaufzeit-Diode

a) Dotierungsprofil
b) Inverse Mesa-Struktur

Widerstand führt. Durch Mesa-Ätzung (vom Substrat her; vgl. Bild 54b) werden störende Randdurchbrüche an der Peripherie des p^+n-Überganges vermieden (vgl. 7.3.2).

5.6.3.3. Doppeldiffundierter npn-Transistor

Ausgangsmaterial für den Transistor als Einzelbauelement ist wieder epitaxiales Silizium (n $\approx 10^{15}$ cm^{-3}) auf n^+-Siliziumsubstrat (vgl. Bild 55).

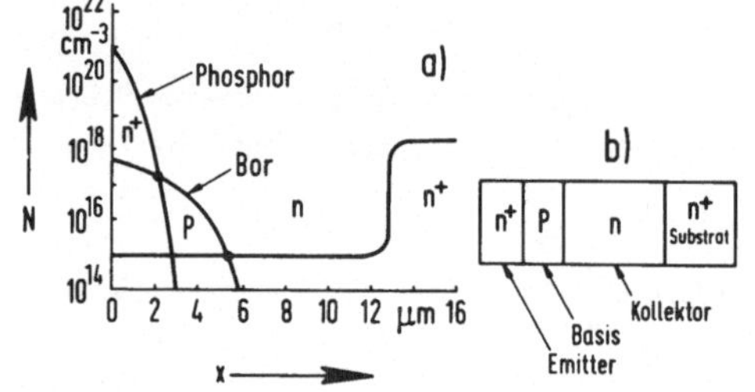

Bild 55:

Doppeldiffundierter npn-Transistor

a) Dotierungsverteilungen
b) Struktur

Die erste Diffusion mit Bor erzeugt die p-leitende Basiszone, wobei die verbleibende n-leitende epitaxiale Schicht den Kollektor bildet. Der Abfall der p-Konzentrationsverteilung in der Basis ist für HF-Transistoren von Bedeutung. Durch das entstehende interne Feld erfahren die Elektronen in der Basis eine zusätzliche Drift (Drift-Transistor), wodurch die Laufzeit durch die Basis reduziert und die Betriebsfrequenz erhöht wird. Die zweite Diffusion mit Phosphor erzeugt schließlich die n^+-Zone für den Emitter.

Bei einer gleichzeitigen Diffusion im n-Typ Halbleiter muß ein Akzeptor
(für die Basis) gewählt werden, der eine größere Diffusionskonstante und
eine geringere Löslichkeit hat als der gleichzeitig diffundierende Donator.

5.6.3.4. Gunn-(Elektronentransfer)Element

Gunn-Elemente werden, ähnlich wie Lawinenlaufzeit-Dioden, in der Hochfrequenztechnik bis 100 GHz als Oszillatoren mit guten Rauscheigenschaften
eingesetzt. Für die Herstellung eines Gunn-Elementes in Sandwich-Bauweise
(Bild 56) wird n-leitendes epitaxiales GaAs oder InP ($n \gtrsim 10^{15}$ cm^{-3}) auf
n^+-GaAs-bzw. InP-Substrat

Bild 56:

GaAs-Gunn-Element

a) Dotierungsprofil mit
   n^+-GaAs Kontaktschicht

b) Gunn-Element in
   Sandwich-Bauweise

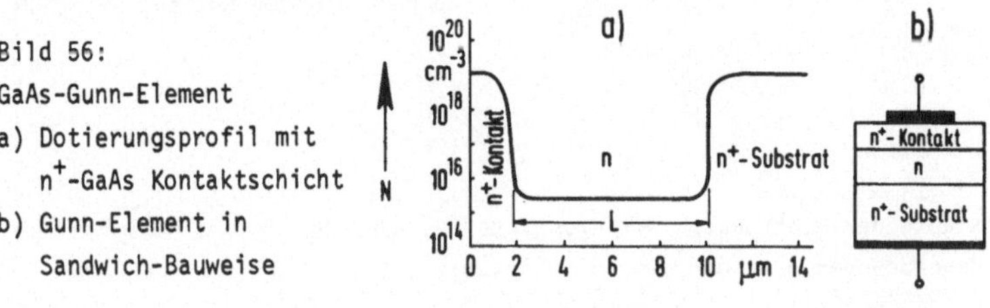

verwendet. Um die Schwierigkeiten zu umgehen, die bei der Herstellung von
Ohmschen Metallkontakten auf hochohmigem Halbleitermaterial entstehen
können (vgl. 7.3.1), läßt man z. B. durch Epitaxie aus der flüssigen
Phase (vgl. 3.2.1) eine dünne (etwa 2 µm) niederohmige n^+-Kontaktschicht
aufwachsen, die einen geeigneten Übergang von der hochohmigen n-Zone zum
Metallkontakt schafft.

Durch die Länge L der aktiven Zone ist die <u>Laufzeitfrequenz</u> f festgelegt
(L in cm):

$$f \simeq 10^7/L \ [1/sec] \ . \tag{5.37}$$

Für guten Wirkungsgrad und gute HF-Eigenschaften muß das Dotierungsprofil
in der n-Zone möglichst homogen sein und das nL - Produkt Werte haben,
die bei

$$nL \gtrsim 10^{12} \ \left[cm^{-2}\right] \tag{5.38}$$

liegen.

6. Planartechnologie

6.1. Übersicht

Grundlegendes Merkmal der Planartechnologie ist die Durchführung von verschiedenen technologischen Einzelprozessen auf der Oberfläche von Halbleiterscheiben. Ein wichtiger Schritt ist dabei die Anwendung diffusionshemmender dünner isolierender Schichten, z. B. SiO_2, auf der Halbleiteroberfläche (Bild 57). Für amorphes SiO_2 auf Silizium ist die Diffusions-

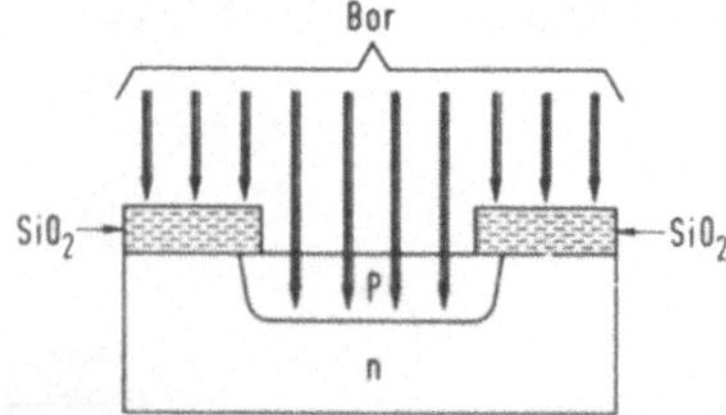

Bild 57:

Diffusionshemmende Wirkung einer SiO_2-Schicht auf Silizium

konstante der wichtigsten Dotierungsstoffe, nämlich Bor und Phosphor, um Größenordnungen geringer als in Silizium:

$$D_{B_{SiO_2}} \simeq (10^{-4} - 10^{-2}) \cdot D_{B_{Si}}$$

$$D_{P_{SiO_2}} \simeq (10^{-3} - 10^{-1}) \cdot D_{P_{Si}} \quad .$$

Die Ursache hierfür ist, daß sowohl Bor als auch Phosphor im SiO_2-Glas die Silizium-Atome ersetzen und somit das SiO_2 in eine andere Art von Glas umwandeln. Ist die Oxid-Schicht dick genug (etwa einige 1000 Å), so wird durch diesen Prozeß das darunterliegende Silizium vor dem Eindringen dieser Dotierungsstoffe geschützt.

Auch für As und Sb wirkt SiO_2 diffusionshemmend. Es maskiert jedoch nicht Al, Ga, Zn und O. Neben SiO_2 werden auch amorphe Si_3N_4- und Al_2O_3-Schichten verwendet. Bemerkenswert ist, daß Si_3N_4 diffusionshemmend auch gegenüber Ga, Al und Zn (wichtig bei der Zn-Diffusion in GaAs) ist.

Die amorphen Isolatorschichten werden nicht nur als <u>Diffusionsmasken</u> benützt, sondern sie dienen bei der Planartechnologie auch als Schutz gegen Kurzschlüsse, zur Vermeidung von Kriechströmen zwischen den einzelnen Strukturen und zur Passivierung der Oberfläche von pn-Übergängen gegenüber Umgebungseinflüssen.

Darüber hinaus haben Isolatorschichten große Bedeutung gewonnen als Dielektrikum bei Dünnfilm-Kondensatoren und bei MIS-Strukturen. Hierbei hat sich erwiesen, daß bei Anwendung von Doppelschichten wie z. B. SiO_2-Si_3N_4 oder SiO_2 - Al_2O_3 die elektrischen Eigenschaften von MIS-Dioden und -Transistoren wesentlich verbessert werden. Siliziumnitrid- und Al_2O_3-Schichten verhindern z. B. das Eindiffundieren von Natriumionen in die darunterliegende SiO_2-Schicht und somit die Kennlinien-Drift dieser Bauelemente.

In Tabelle 4 sind die wichtigsten Eigenschaften amorpher SiO_2-, Si_3N_4- und Al_2O_3-Schichten aufgeführt. Daraus ist ersichtlich, daß Al_2O_3 die

	SiO_2	Si_3N_4	Al_2O_3
Dichte $[g/cm^3]$	2,27	2,8	3,5-4,0
relative D.K.	3,9	7,0	8,0-9,0
Brechungsindex	1,47	2,0-2,4	1,6
Durchbruchfeldstärke $[V/cm]$	$\approx 6 \cdot 10^6$	$\approx 10^7$	$\approx 10^7$
Bandabstand $[eV]$	≈ 8	4,9-5,1	> 5
Therm.Ausdehnungskoeff. $[1/^oC]$	$5 \cdot 10^{-7}$	$4,2 \cdot 10^{-6}$	$5,7 \cdot 10^{-6}$
Wärmeleitfähigkeit $[W/^oC]$	0,014	-	0,21

Tabelle 4: Eigenschaften von amorphen SiO_2-, Si_3N_4- und Al_2O_3-Schichten

größte Dielektrizitätskonstante besitzt (mehr als doppelt so groß wie bei SiO_2) mit einer Durchbruchfeldstärke, die mit der von Si_3N_4 vergleichbar ist. Außerdem sind Al_2O_3-Schichten, im Gegensatz zu SiO_2-Schichten, außerordentlich strahlenresistent.

Die Anwendung von Isolatorschichten zusammen mit der Photolack-Technik ergibt folgende Vorteile bei der Planartechnologie:

1) Genaue Steuerung der Dotierung (durch Diffusion)

2) Kontrolle der Geometrie (durch Photolack-Technik)

3) Schutz der pn-Übergänge an der Oberfläche durch die Isolatorschicht

4) Verbindung einzelner Bauelemente zu integrierten Schaltkreisen

5) Massenproduktion durch Anwendung großer Halbleiterscheiben.

6.2. Herstellung von Isolatorschichten

6.2.1. Herstellung von SiO_2-Schichten

6.2.1.1. Thermische Oxydation von Si

Die thermische Oxydation von Si mit Sauerstoff oder Wasserdampf ist besonders einfach. Sie erfolgt nach den chemischen Reaktionen:

$$\text{Si (fest)} + O_2 \xrightarrow{1000^\circ C} SiO_2 \text{ (fest)} \tag{6.1}$$

$$\text{Si (fest)} + 2\,H_2O \xrightarrow{1000^\circ C} SiO_2 \text{ (fest)} + 2\,H_2 \quad . \tag{6.2}$$

Dabei wird ein Teil des festen Siliziums zum Wachsen der SiO_2-Schicht verbraucht. Ist d die Dicke der SiO_2-Schicht, dann wird etwa 0,5·d Silizium verbraucht.

Die Herstellung erfolgt im Oxydationsofen (Bild 58). Mit diesem Verfahren werden Schichtdicken von einigen 1000 Å erzeugt. In Bild 59 ist die erzielte Schichtdicke d als Funktion der Oxydationszeit mit der Temperatur als Parameter für die Oxydation mit trockenem Sauerstoff dargestellt. Die SiO_2-Schichtdicke nimmt etwa mit der Wurzel aus der Oxydationszeit zu.

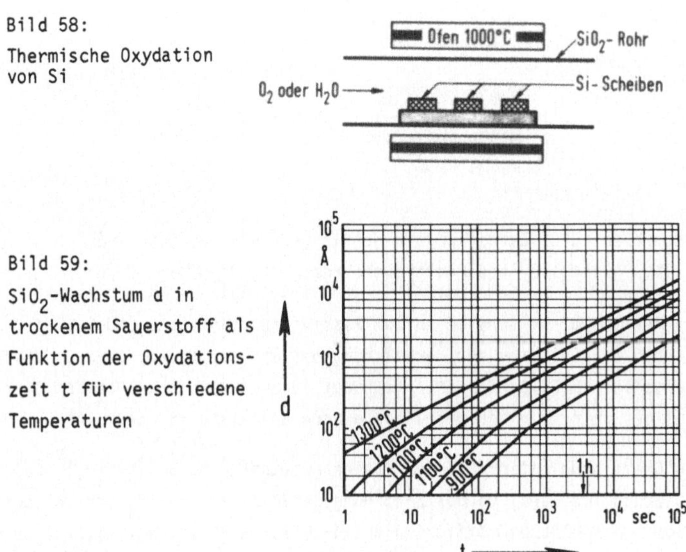

Bild 58:

Thermische Oxydation von Si

Bild 59:

SiO_2-Wachstum d in trockenem Sauerstoff als Funktion der Oxydationszeit t für verschiedene Temperaturen

Natürliche Oxidschichten - wie SiO_2 auf Si - lassen sich bei GaAs nicht durch thermische, sondern durch anodische Oxidation erzeugen.

6.2.1.2. TEOS-Verfahren

Diese Methode beruht auf der pyrolytischen Zersetzung von Tetra-Ethyl-Ortho-Silikat (TEOS) $Si(C_2H_5O)_4$ durch folgende Reaktion:

$$Si(C_2H_5O)_4 \xrightarrow{700°C} SiO_2(fest) + 4\ C_2H_4 + 2\ H_2O \quad . \quad (6.3)$$

Eine Apparatur zur Herstellung von SiO_2-Schichten nach diesem Verfahren ist in Bild 60 gezeigt. Das beim Durchtritt durch das Sättigungsgefäß mit TEOS beladene Trägergas (H_2, N_2) strömt über die auf einer Temperatur von etwa 700°C befindlichen Halbleiterscheibchen, wobei die pyrolytische Reaktion nach (6.3) abläuft. Die Wachstumsrate der SiO_2-Schicht beträgt etwa 100 Å/min bei folgenden experimentellen Bedingungen: Temperatur des Sätti-

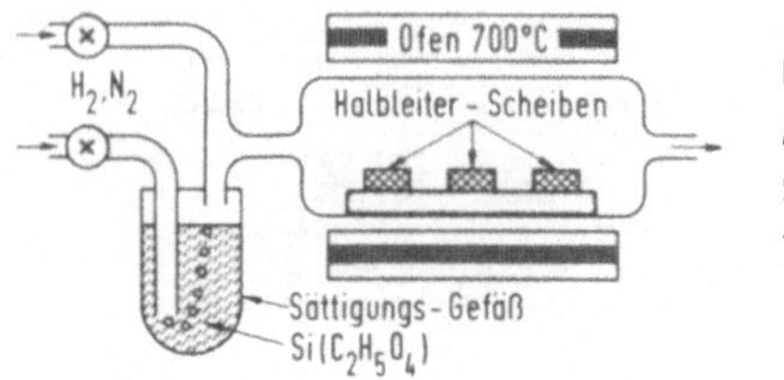

Bild 60:

Apparatur zur Herstellung von SiO_2-Schichten nach dem TEOS-Verfahren

gungsgefäßes $19^\circ C$, Durchflußrate des Trägergases (92 % N_2 + 8 % H_2) 125 l/h, Durchmesser des Reaktionsrohres 6 cm, Ofenlänge 60 cm.

Diese Methode dient vorwiegend zur Passivierung von GaAs und Ge, wird aber auch bei Silizium zur Verstärkung der mit der thermischen Oxydation hergestellten SiO_2-Schichten angewendet. Dieses Verfahren hat den Vorteil, daß es bei relativ niedrigen Temperaturen durchgeführt werden kann.

Durch Beimengung entsprechender Dotierungsstoffe (z. B. $Zn(C_2H_5)_2$ bei der p-Dotierung von GaAs) in das Sättigungsgefäß kann die SiO_2-Schicht dotiert und somit anschließend Diffusion aus der festen Phase (vgl. 5.3.3) durchgeführt werden.

6.2.2. Herstellung von Si_3N_4-Schichten

Siliziumnitrid-Schichten erhält man durch eine pyrolytische Reaktion von Silan (SiH_4) und Ammoniak (NH_3) in überschüssigem H_2 bei etwa $700^\circ C$:

$$3\ SiH_4 + 4\ NH_3 \xrightarrow{700^\circ C} Si_3N_4 \text{ (fest)} + 12\ H_2 \quad . \qquad (6.4)$$

Die Abscheidung von Si_3N_4 erfolgt in einem Reaktor, der in Bild 61 gezeigt ist. Als Trägergas wird Wasserstoff mit einer Durchflußrate von etwa 2 l/min verwendet. Bei einem Verhältnis NH_3 : SiH_4 von 200 : 1 und einer Temperatur von $700^\circ C$ ist die Aufwachsrate ungefähr 200 Å/min.

Si_3N_4 kann sowohl auf Silizium als auch auf andere Halbleitermaterialien abgeschieden werden.

Mit einer ähnlichen Anlage wie in Bild 61, jedoch zusätzlich mit einer HF-Spule, können in einer Hochfrequenz-Glimmentladungsreaktion aus den Gasen SiH_4 + NH_3 (oder N_2) ebenfalls Si_3N_4-Schichten mit guten Eigenschaften abgeschieden werden. Der Vorteil dieses Verfahrens ist die relativ nie-

Bild 61:

Apparatur zur Herstellung
von Si_3N_4-Schichten nach
dem Silan-Ammoniak- Ver-
fahren

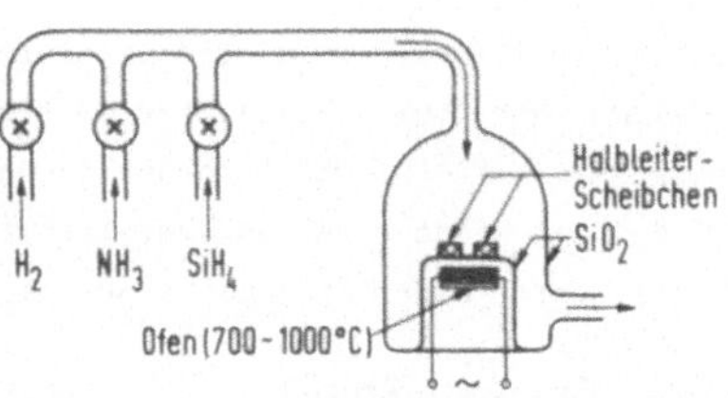

drige Arbeitstemperatur zwischen 200 und 400°C.

6.2.3. Herstellung von Al_2O_3-Schichten

Die Abscheidung von Al_2O_3 erfolgt durch pyrolytische Zersetzung von Alu-
minium-Triisopropoxid $(Al(OC_3H_7)_3)$ mit N_2 als Trägergas bei 400°C in einer
ähnlichen Anlage wie in Bild 60. Jedoch müssen Sättigungsgefäß und Ver-
bindungsrohr zum Ofen auf etwa 125°C geheizt werden, da das Aluminium-
Triisopropoxid erst bei dieser Temperatur flüchtig wird. Die Aufwachsrate
bei dieser Methode ist etwa 50 Å/min.

Bei einer anderen Methode, der <u>Plasma-Anodisation</u>,wird der mit Aluminium
bedampfte Halbleiter bei etwa $3 \cdot 10^{-3}$ Torr einer Gleichspannungs-Glimment-
ladung in einer O_2-Atmosphäre ausgesetzt.

6.3. Ätzung der Isolatorschichten

In der Planar-Technologie müssen z. B. zur Herstellung von Diffusions-
fenstern die Isolatorschichten geätzt werden. Folgende Ätzen sind anwendbar:

Für SiO_2: gepufferte Flußsäure

   Si_3N_4: heiße Phosphorsäure

   Al_2O_3: gepufferte Flußsäure

Die Pufferung der Flußsäure (versetzt mit Ammoniumfluorid und H_2O) dient
zur genauen Kontrolle der Ätzrate und zur Schonung des Photolacks.

6.4. Photolack-Technik

Die mit der Planar-Technologie hergestellten integrierten Schaltungen
enthalten sehr kleine komplizierte Strukturen mit Abmessungen von nur
wenigen Mikrometern. Die erforderlichen geometrischen Konfigurationen erhält man mit Hilfe einer hochentwickelten Phototechnik, wobei ein vorge-
gebenes Muster einer Photomaske auf die Halbleiterscheibe übertragen wird.

6.4.1.   Photolack-Prozeß

Eine Halbleiterscheibe mit einem Durchmesser zwischen 2 und 10 cm wird
mit einem der unter 6.2 beschriebenen Verfahren mit einer diffusions-
hemmenden Isolatorschicht, z.B. SiO_2 bei Si, homogen bedeckt. Mit Hilfe
einer Lackschleuder wird auf die SiO_2-Schicht eine etwa 0,2-0,8 μm dicke
Photolackschicht aufgebracht (vgl. Bild 62a).Als lichtempfindlicher Lack

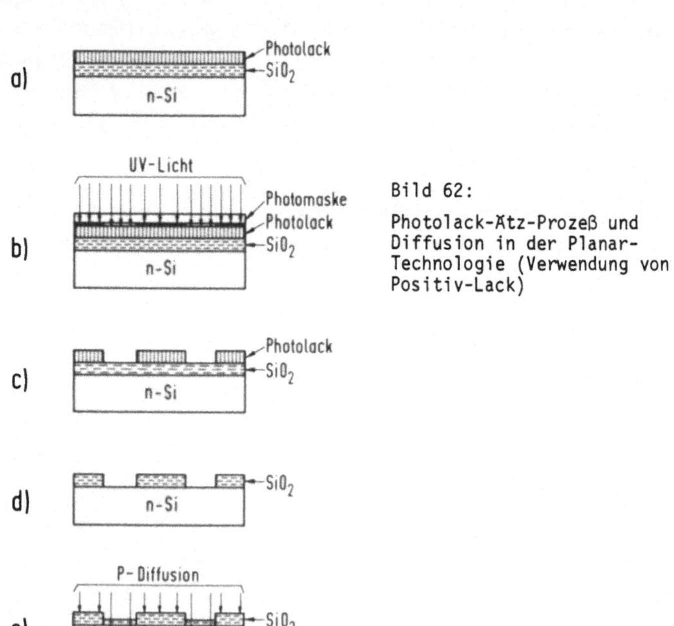

Bild 62:

Photolack-Ätz-Prozeß und
Diffusion in der Planar-
Technologie (Verwendung von
Positiv-Lack)

wird handelsüblicher Positiv- oder Negativ-Lack verwendet. Die beschich-
tete Scheibe wird anschließend in einem Ofen getrocknet, z. B. bei etwa
70°C für 20 min.

Die Scheibe ist nun fertig zum Kopieren der ersten Figuren. Hierzu dient
die Photomaske, die die gewünschte Konfiguration im entsprechenden Maß-
stab enthält (Maskenherstellung vgl. 6.4.2). Die Si-Scheibe wird durch
diese Photomaske mit UV-Licht einer Quecksilberdampflampe im Kontaktver-
fahren belichtet (Bild 62b). Bei einem Positiv-Lack werden die belichte-
ten Stellen anschließend mit einem flüssigen Entwickler entfernt (vgl.
Bild 62c; bei einem Negativ-Lack ist es gerade umgekehrt). Die verbleibende Lackschicht wird darauf in einem Ofen bei ca. 130°C 20 - 30 min lang
getrocknet und gehärtet. Die freigelegten SiO_2-Stellen werden dann mit ge-
pufferter Flußsäure weggeätzt (Silizium und Lack werden dabei nicht ange-
griffen). Anschließend wird der restliche Lack z. B. mit heißer Schwefel-
säure entfernt (Bild 62d). Nach diesem Photo-Ätz-Verfahren erfolgt die
Diffusion, wobei die gewünschte Dotierung nur an den freien Si-Oberflächen
erfolgt (Bild 62e). Dabei ist wichtig, daß während des Diffusionsvorganges
eine neue SiO_2-Schicht aufwächst. Diese neue Schicht kann dann zur Herstellung weiterer Diffusionsfenster verwendet werden (z. B. für die
Emitter-Diffusion beim Planartransistor). Für komplizierte integrierte
Schaltungen müssen die eben beschriebenen Schritte mehrere Male hintereinander mit verschiedenen Photomasken durchgeführt werden.

Schließlich wird noch mit einer weiteren Photomaske die Kontaktierung der
einzelnen Elemente hergestellt. Dazu wird zuerst die gesamte Si-Scheibe
z. B. mit Aluminium 1 µm dick bedampft. Mittels des Photo-Lack-Verfahrens
werden dann die nicht gewünschten Flächen herausgeätzt.

6.4.2. Photomasken-Herstellung

Entscheidend für die Massenproduktion bei der Planar-Technologie ist die
Photomaske. Der Entwurf eines Maskensatzes für die einzelnen Prozesse
einer integrierten Schaltung erfolgt nach einem vorher ausgearbeiteten
Schaltbild.

Die Ausgangsschablonen (200 : 1) werden auf einer Doppelfolie mit einem
Koordinatographen geschnitten. Die dünne Rotschicht der Folie kann dabei
von der farblosen Unterlage entfernt werden (Bild 63a). Damit die einzel-
Inen Masken (für mehrere Prozeßschritte) auf derselben Halbleiterscheibe
exakt in Deckung kopiert werden können, müssen in die Schnittfolien
Justierfiguren eingebracht werden.

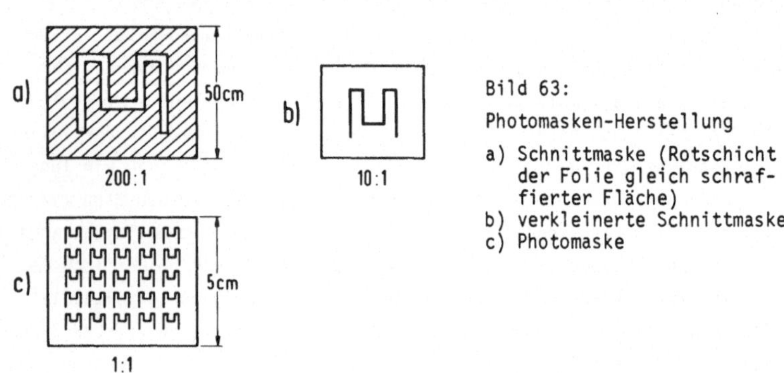

Bild 63:

Photomasken-Herstellung

a) Schnittmaske (Rotschicht
   der Folie gleich schraf-
   fierter Fläche)
b) verkleinerte Schnittmaske
c) Photomaske

Mit einer Reproduktionsanlage erfolgt die erste Verkleinerung (meist
20-fach) auf eine Photoplatte (Bild 63b). Bei der zweiten Verkleinerung
(z. B. 10-fach) und gleichzeitigen Vervielfachung der Einzelstruktur
(Bild 63c) wird eine "step and repeat"-Kamera verwendet. Die zu belich-
tende Photoplatte ist auf einem Kreuztisch befestigt, der in x- und y-
Richtung bewegt werden kann. Die Photoplatte wird jeweils nur an einer
bestimmten Stelle belichtet. Dies geschieht mit Hilfe von elektronischen
Umlaufzählern. Dadurch kann das Bild einer Einzelmaske (Bild 63b) Zeile
für Zeile auf die Photoplatte übertragen werden (Bild 63c). Mit geeigneten
Kameras können somit bis 10^6 Einzelstrukturen auf eine Plattenmaske
(5 x 5 cm) gebracht werden. Der Deckungsfehler einer Einzelstruktur darf
bei einem Maskensatz nicht größer als etwa $\pm$ 0,25 µm sein.

Eine Begrenzung der Schärfe der Muster ist durch Beugung, Lichtwellenlänge
und Linsenfehler, durch Streulicht bei der Belichtung und durch chemische
Diffusion beim Entwickeln gegeben. Mit sichtbarem und UV-Licht werden derzeit 1 µm dicke Linien (und darunter) mit genügender Schärfe hergestellt.
Eine Erhöhung der Auflösung und Schärfe kann mit Hilfe der Elektronen-

Optik und mit Röntgen- oder vorzugsweise Synchrotronstrahlung erreicht werden.Der Vorteil bei der Verwendung von Synchrotronstrahlung liegt in der wesentlich höheren Strahlungsdichte (von weichen Röntgenstrahlen) gegenüber herkömmlichen Röntgenstrahlquellen. Mit diesen neuen Technologien lassen sich Leiterbahnen mit einer Linienbreite kleiner als 0,1 μm reproduzierbar herstellen.

6.5. Ausbeute von integrierten Schaltungen

Die wesentliche Schwierigkeit bei der Herstellung von integrierten Schaltungen, wo viele Tausend Einzelfunktionen zusammengefaßt werden, besteht darin, daß die gesamte Schaltung defekt ist, wenn nur eine der Einzelschaltungen defekt ist. Es gibt eine Reihe von Ursachen, die maßgebend dafür sind, daß die Ausbeute nicht 100 % ist. Bei zu kleiner Fläche ist die Ausbeute durch die Maskenjustierung und durch die Auflösung des optischen Systems bei der Maskenherstellung begrenzt (Bereich 1 im Bild 64). Bei großen Flächen nimmt die Wahrscheinlichkeit zu, daß ein Teil der Schaltung in einen defekten Bereich des Halbleitermaterials fällt. Ausfallursachen hierfür sind z. B. nicht völlig fehlerfreie Halbleiterscheiben oder Löcher in den maskierenden Schichten. Die Ausbeute nimmt daher für große Flächen wieder ab (Bereich 2 in Bild 64). Bei einer bestimmten Fläche der integrierten Schaltungen gibt es ein Maximum. Der optimale Bereich der Fläche liegt zwischen 200 x 200 μm^2 und 600 x 600 μm^2 (schraffierte Fläche in Bild 64). Durch den Einsatz von <u>Mikrocomputern</u> und <u>Mikroprozessoren</u> ist die Technologie für integrierte Schaltungen mehr und mehr vorangetrieben und verfeinert worden. Heute lassen sich integrierte Schaltungen bei einer Fläche von 0,32 mm^2 mit bis zu 29.000 Einzeltransistoren (Mikroprozessor INTEL 8086) herstellen.

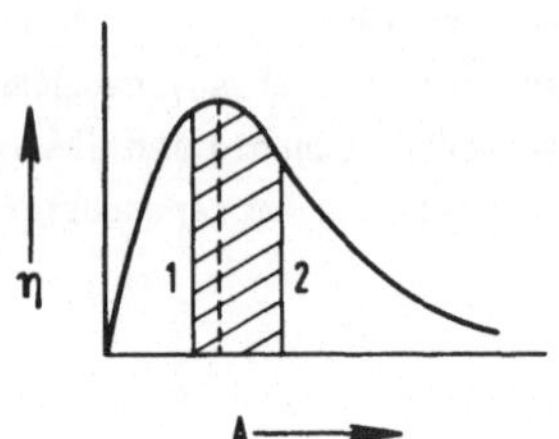

Bild 64:

Ausbeute η als Funktion der Fläche A
der integrierten Schaltung

7. Kontakte, Montage und Kontaktierung

7.1. Ohmsche und sperrende Metall-Halbleiter-und Halbleiter-Halbleiter-Übergänge

Zur Inbetriebnahme von Halbleiterbauelementen müssen auf die entsprechenden Halbleiteroberflächen Metallkontakte angebracht werden. Diese Kontakte
sollen einen geringen Kontaktwiderstand besitzen und ein <u>Ohmsches</u> Verhalten, d. h. eine lineare und symmetrische Strom-Spannungscharakteristik
haben.

Bringt man jedoch einen beliebigen n- oder p-leitenden Halbleiter mit
einem beliebigen Metall in innige Berührung (z. B. durch Aufdampfen des
Metalls in Vakuum), so entsteht in fast allen Fällen ein gleichrichtender
<u>Schottky-Kontakt</u> mit einem Sperr- und Durchlaßbereich. Das Energieband-
Diagramm eines sperrenden Metall-Halbleiterkontaktes für z. B. einen n-
leitenden Halbleiter und für den einfachen Fall, daß Oberflächenzustände

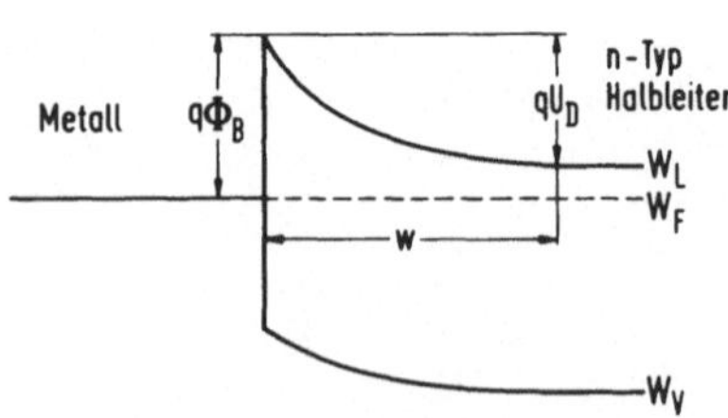

Bild 65:

Energieband-Diagramm eines
sperrenden Metall-Halbleiterkontaktes (W_L = untere Kante
des Leitungsbandes; W_V = obere
Kante des Valenzbandes; W_F =
Ferminiveau)

und eine (stets vorhandene) isolierende Zwischenschicht (Dicke etwa 10 Å)
an der Halbleiteroberfläche vernachlässigt werden können, ist in Bild 65
gezeigt. Im thermischen Gleichgewicht geht das Ferminiveau W_F des Halbleiters in das des Metalls über. Damit dieser Zustand erreicht wird, müssen Ladungen vom Halbleiter in das Metall fließen. Als Folge davon entsteht im Halbleiter an der Metall-Halbleitergrenze eine Verarmungszone der
Weite w

$$w = \left[\frac{2\ \varepsilon_0 \varepsilon_r}{q\ N_D} U_D \right]^{1/2} \ . \tag{7.1}$$

Dieser Ausdruck ist der gleiche wie für die Weite der Raumladungszone
eines abrupten pn-Überganges (vgl. Gl.(5.34) für U = 0). Hier ist N_D die
Donatorkonzentration des n-leitenden Halbleiters und U_D die Diffusionsspannung entsprechend der Bandaufwölbung im Halbleiter.

Aus Bild 65 geht hervor, daß die Elektronen des Metalls die Potentialbarriere ϕ_B überwinden müssen, bevor sie in das Leitungsband des Halbleiters eindringen können. Bei großer Oberflächenzustandsdichte ist
diese Barriere unabhängig von der Austrittsarbeit des Metalls. Die
Barriere hängt dann nur noch von den Oberflächeneigenschaften des Halbleiters ab. Dies ist z. B. bei Si und GaAs der Fall.

Ist der Halbleiter (n- oder p-leitend) relativ schwach dotiert, dann ist
die Weite w der Raumladungszone nach Gl. (7.1) groß und der entsprechende
Metall-Halbleiterkontakt (Mn - bzw. Mp - Kontakt) verhält sich sperrend.
Ist jedoch der Halbleiter stark dotiert (n^+ - oder p^+ - leitend), so stört
bei diesem Metall-Halbleiterübergang eine Verarmungsrandschicht nicht, da
sie wegen der hohen Dotierung sehr dünn ist (vgl. (7.1)) und von den Ladungsträgern durchtunnelt werden kann. Ein Mn^+- bzw. Mp^+-Übergang verhält
sich daher wie ein Ohmscher Kontakt.

Ähnliche Überlegungen gelten auch für Halbleiter-Halbleiter-Übergänge. So
verhalten sich auch n^+n- und p^+p-Übergänge wie Ohmsche Kontakte (der kon-
sequenterweise aufzuführende p^+n^+-Übergang entspricht einer <u>Tunneldiode</u>,
die eine stark nichtlineare und unsymmetrische Strom-Spannungskennlinie
besitzt). Eine Zusammenstellung über das Verhalten von Metall-Halbleiter-
bzw. Halbleiter-Halbleiter-Kombinationen ist in Tabelle 5 gegeben.

Ohmsche Übergänge	sperrende Übergänge
$M\ n^+$	$M\ n$
$M\ p^+$	$M\ p$
$n^+\ n$	$p^+\ n$
$p^+\ p$	$n^+\ p$
	$n\ p$

Tabelle 5:

Ohmsche und sperrende Metall-Halbleiter-und Halbleiter-Halbleiter-Übergänge

Ein Ohmscher Kontakt auf einem schwach dotierten (n- oder p-leitenden) Halbleiter wird auch erreicht, wenn an der Grenzfläche Metall-Halbleiter (innerhalb weniger Atomlagen) eine Vermischung und gegenseitige Durchdringung durch Einlegieren stattgefunden hat (vgl. 5.2.). Bei geeigneter Wahl des Kontaktmaterials wird dabei der Halbleiter an der Grenzschicht n^+- bzw. p^+-dotiert und es entsteht ein Ohmscher Mn^+n- bzw. Mp^+p-Übergang.

Anstelle des Einlegierens kann eine dünne n^+- bzw. p^+-Zwischenschicht auch durch Diffusion, Epitaxie oder Ionenimplantation hergestellt werden.

Zur Vermeidung von Verlusten soll der <u>Kontaktwiderstand</u> möglichst klein sein. Kontaktwiderstände werden nach folgendem Verfahren bestimmt (Bild 66): Mit dem zu untersuchenden Kontaktmaterial werden auf dem Halbleiter

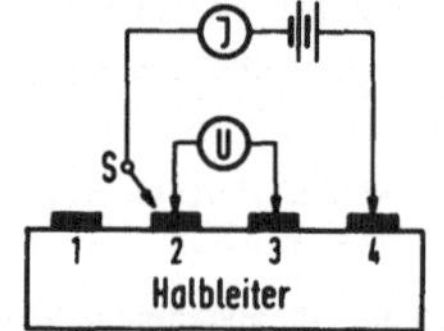

Bild 66:

Anordnung zur Bestimmung des Kontakt-widerstandes

4 Kontaktinseln aufgebracht. Mit einem Schalter S wird entweder am Kontakt 1 oder 2 ein Strom J in den Halbleiter injiziert. An den Kontakten 2 und 3 wird der Spannungsabfall U gemessen. Ist S auf 1, dann entspricht $U = U_1$ dem Spannungsabfall im Halbleiter. Ist jedoch S auf 2, dann ist $U = U_2$ der Spannungsabfall im Halbleiter plus Kontaktwiderstand (zuzüglich dem <u>Engewiderstand</u>). Der Kontaktwiderstand R_K ergibt sich dann aus:

$$R_K = (U_2 - U_1)/J \qquad . \tag{7.2}$$

Während zur Kontaktierung von Bauelementen und zur Herstellung der elektrischen Verbindungen bei integrierten Schaltungen nur Ohmsche, verlustarme Kontakte in Frage kommen, finden Schottky-Kontakte sowohl in der Technik z. B. als Varistoren (variable resistor) und Varactoren (variable reactor) als auch für Halbleiteruntersuchungen (vgl. 5.6.2.4) viele Anwendungen. Die Strom-Spannungscharakteristik eines idealen Schottky-Kontaktes (vgl. auch Bild 67) wird für den Fall, daß thermische Emission die überwiegende Rolle spielt, durch die Gleichung beschrieben:

$$J = J_s \, (e^{qU/kT} - 1) \tag{7.3}$$

darin ist U die angelegte Spannung, J_s ist der Sättigungsstrom, T ist die absolute Temperatur und k ist die Boltzmann Konstante.

In Durchlaßrichtung (U > 0 und größer als 3 kT/q) wird J(U) häufig in der Form angegeben:

$$J \sim e^{qU/nkT} \tag{7.4}$$

worin n eine empirische Konstante ist, die den Abweichungen von der Theorie Rechnung trägt. Für einen idealen Schottky-Kontakt (7.3) ist n sehr nahe bei 1. In Flußrichtung bildet der Schottky-Kontakt also einen spannungsabhängigen Widerstand (Varistor), der in der Hochfrequenztechnik zum Gleichrichten und Abwärtsmischen verwendet wird. Obwohl die Kennlinie nach Gl.(7.4) der Strom-Spannungscharakteristik eines einfachen pn-Überganges ähnlich ist, besteht zwischen beiden Strukturen ein wesentlicher Unterschied. Beim pn-Übergang erfolgt der Stromtransport durch Minoritätsträgerinjektion; die Schottky-Diode ist dagegen ein reines Majoritätsträger-Bauelement.

In Sperr-Richtung (U < 0; |U| > 3 kT/q) wird aus (7.3)

$$J = - J_s \qquad . \tag{7.5}$$

Es fließt dann nur der durch thermische Emission von Elektronen aus dem Metall in den Halbleiter erzeugte Sättigungsstrom J_s. Der Sättigungsstrom ist porportional

$$J_s \sim e^{-q(\phi_B - \Delta\phi)/kT} \qquad . \tag{7.6}$$

Darin ist $\Delta\phi$ die <u>Barrierenerniedrigung</u> durch die Bildkraft. Für einen möglichst geringen Sperrstrom ist daher eine möglichst hohe Barriere ϕ_B (vgl. Bild 65) erforderlich. Der Sperrstrom nimmt aber mit zunehmender Sperrspannung leicht zu, da die Barrierenabsenkung $\Delta\phi$ eine schwache Funktion der Sperrspannung ist:

$$\Delta\phi = \left[\frac{q}{2\pi\,\epsilon_0\epsilon_r\,w}\,(U_D - U) \right]^{1/2} \qquad . \tag{7.7}$$

Darin ist w die Weite der Raumladungszone (vgl. (5.34)).

Wegen der in Sperr-Richtung vorhandenen Raumladungszone im Halbleiter verhält sich der Schottky-Kontakt wie eine spannungsabhängige Kapazität (Varactor). Die Raumladungskapazität ist umgekehrt proportional der Weite w der Raumladungszone (vgl. 5.32)), deren Spannungsabhängigkeit durch Gl.(5.34) gegeben ist.

Der Bereich der Sperrspannung ist beim Schottky-Kontakt durch die Durchbruchspannung begrenzt, bei der, abhängig von der Dotierung, Lawinendurchbruch im Halbleiter einsetzt (vgl. 9.5).

Für die Reproduzierbarkeit bei der Herstellung von Ohmschen und sperrenden Kontakten spielen die Oberflächenbeschaffenheit und die Vorbehandlung der Halbleiter eine wichtige Rolle.

7.2. Kontakte auf Silizium

7.2.1. Ohmsche Kontakte

Aluminium ist ein häufig verwendetes Kontaktmaterial für die Si-Technologie. Es kann leicht aufgedampft werden, haftet gut auf Si und SiO_2 und der spezifische Volumenwiderstand von 2,7 $\mu\Omega \cdot$ cm kann auch bei sehr dünnen Al-Filmen erreicht werden.

Aluminium ist in Silizium ein Akzeptor. Auf p-leitendem Si ergeben sich daher gute Ohmsche Kontakte. Bei hochohmigem n-leitenden Si ist jedoch für einen einwandfreien Kontakt eine vorhergehende n^+-Dotierung erforderlich. Aluminium besitzt jedoch den Nachteil, daß bei hohen Stromdichten und hohen Temperaturen eine starke Auswanderung des Kontaktmaterials auftritt und daß sich in Verbindung mit Gold brüchige Legierungen bilden, die nicht langzeitstabil sind.

Gute Ohmsche Kontakte auf niederohmigem Si mit großer Haftfestigkeit werden ferner mit Ti, Cr und Mo erreicht. Zur Erhöhung der spezifischen Leitfähigkeit dieser Kontaktmaterialien werden diese Metalle meist noch mit einer Ag-, Pt- und/oder einer Au-Schicht versehen. Solche Mehrschicht-Kontakte (die hochleitenden Metalle Ag und Au haften relativ schlecht auf Si und SiO_2) haben auch den Vorteil, daß sie leichter kontaktiert werden können (vgl. 7.4.2). Als Beispiel für einen Mehrschicht-Kontakt mit sehr geringem Kontaktwiderstand sei das Ti-Ag-Au - System erwähnt: Nach sorgfältiger Reinigung der Si-Oberfläche (vgl. 4.2.4.1) wird im Hochvakuum nacheinander Ti und Ag aufgedampft mit einer Dicke von etwa 1000 Å bzw. 3500 Å. Titan dient hier im wesentlichen zur verbesserten Haftung und zur Auflösung der stets vorhandenen SiO_2-Schicht auf der Si-Oberfläche und Ag stellt den eigentlichen Ohmschen Kontakt dar. Anschließend erfolgt bei $400^\circ C$ für 15 min eine Temperung in H_2-Atmosphäre. Um die Ag-Schicht vor zerstörenden Einflüssen aus der Umgebung zu schützen, wird der Kontakt noch mit Gold galvanisch verstärkt. Dieses Kontaktsystem ist besonders für großflächige Substratkontakte geeignet.

7.2.2 Sperrende Kontakte

Fast ideale Schottky-Kontakte auf Si werden mit Pt auf n-leitendem Si hergestellt [9]. Eine typische Strom-Spannungskennlinie zeigt Bild 67. Die empirische Konstante n (vgl. Gl. (7.4)) kann durch intensive Oberflächenreinigung vor der Metallisierung einen Wert von 1,02 erreichen.

Voraussetzung für einen guten Schottky-Kontakt sind extrem reine Si-Oberflächen. Diese können z.B. durch Kathodenzerstäubung erreicht werden, wobei Verunreinigungen der Si-Oberfläche durch den Beschluß mit Argon-Ionen entfernt werden. Unmittelbar anschließend wird dann, ebenfalls durch Zer-

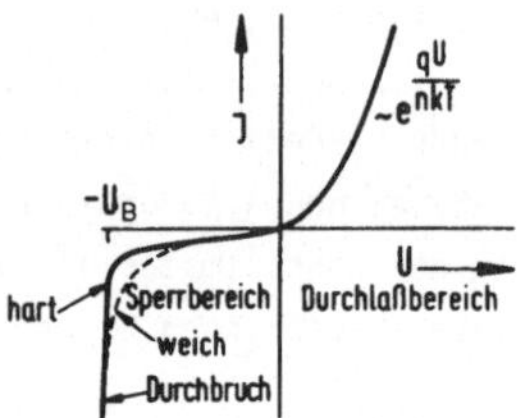

Bild 67:

Strom-Spannungs-Kennlinie eines
Schottky-Kontaktes

stäuben, eine 500 Å dicke Pt-Schicht aufgebracht. Dabei formt im Hochvakuum bei 600°C Platin mit Silizium die stabile Verbindung PtSi (Platin-
silizid). Hoher Rückwärtsstrom und eine weiche Kennlinie durch Vordurch-
bruch (vgl. Bild 67) können durch Anwendung eines eindiffundierten Schutz-
ringes vermieden werden (Bild 68). Der p^+-dotierte Schutzring reduziert

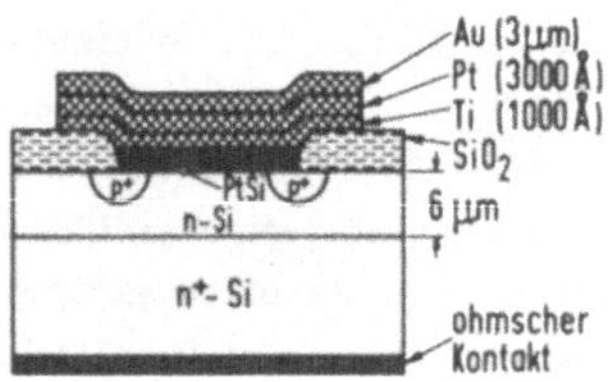

Bild 68:

Beispiel einer PtSi-Si
Schottky-Diode mit
Schutzring

die hohe Feldstärke an der Kontaktberandung und verhindert dort einen vor-
zeitigen Durchbruch. Mit einem entsprechenden Dotierungsprofil im Schutzring wird außerdem erreicht, daß die Durchbruchspannung U_B am linearen
p^+n-Übergang größer als am "einseitig abrupten" Schottky-Kontakt ist
(vgl. 9.5). Damit wird eine harte Kennlinie erzielt. Die Feldreduzierung
an der Berandung kann auch durch Verwendung einer inversen Mesastruktur
(siehe Bild 54b und 69) erreicht werden.

Für das PtSi-Si-System wird eine Barriere ϕ_B = 0,85 V gemessen (vgl.Bild
65 und Gl. (7.6)). Ebenfalls für einen guten Schottky-Kontakt geeignete
Metalle sind Au, Pd und Cr mit Barrieren von etwa 0,8 V, 0,75 V und 0,73V.

7.3. Kontakte auf GaAs

7.3.1. Ohmsche Kontakte

Die sperrfreie Kontaktierung von GaAs-Bauelementen bereitet im allgemeinen
größere Schwierigkeiten als die von Si-Strukturen. Insbesondere ist es bei
GaAs-Bauelementen nicht immer möglich, p- und n-leitende Gebiete gleichzeitig mit demselben Metall zu kontaktieren.

Neben Halbkugelkontakten (z.B. aus Zinn) für elektrische Messungen an
GaAs-Proben werden bei großen und auch begrenzten Bereichen in der Planar-
und Mesa-Technik aufgedampfte und einlegierte Schichtkontakte verwendet.
Dazu sind am besten Gold und Silber mit entsprechenden Dotierungszusätzen
geeignet. Einige bewährte Kontakte mit geringem Kontaktwiderstand, homo-
genen Legierungsfronten, guter Haftfestigkeit und thermischer Beanspruch-
barkeit sind in Tabelle 5 aufgeführt.

Kontaktmaterial	Legierungs- temperatur $[^\circ C]$	spez.Widerstand $[\Omega cm^2]$	Bemerkungen
Ag - In - Ge	600		für n-GaAs
$(AuGe)_{eut}$-Ni	465	10^{-6}-2 $\cdot$ 10^{-5}	$(N_D > 2 \cdot 10^{16} cm^{-3})$
In - Ag - Au	465	$3,9 \cdot 10^{-5}$	für p-GaAs
Zn - Au	390	$3,8 \cdot 10^{-5}$	
Cr - Au	430	$2,4 \cdot 10^{-5}$	$(N_D > 6 \cdot 10^{18} cm^{-3})$

Tabelle 5: Ohmsche Schichtkontakte für GaAs

Die Kontakte werden bei den angegebenen Temperaturen unter Wasserstoff-
atmosphäre 1 bis 2 min lang einlegiert. Der Mehrschicht Kontakt Cr - Au
zeigt auf p-GaAs Ohmsches und auf p-GaAlAs sperrendes Verhalten. Dadurch
ergibt sich bei optoelektronischen Bauelementen (Laser und LED) die Möglichkeit der ganzflächigen Kontaktierung wodurch man gleichzeitig siche-
res Kontaktieren,laterale Strombegrenzung und Wellenführung erhält.

7.3.2. Sperrende Kontakte

Die Herstellung sperrender Kontakte ist bei GaAs einfacher als bei Silizium. Auch hier wird das Metall entweder durch Aufdampfen oder durch
Kathodenzerstäubung auf die GaAs-Oberfläche aufgebracht. In Tabelle 6 sind
einige Metalle und Barrierenhöhen ϕ_B für sperrende Kontakte auf GaAs aufgeführt. Zur Vermeidung der bei GaAs umständlichen Schutzring-Diffusion
werden GaAs-Schottky-Dioden häufig in Mesaform hergestellt. Dabei wird

Metall	Barriere [V]	Bemerkungen
Au	0,95	
Pt	0,94	
Ag	0,93	} n - GaAs
Ni	0,83	
Al	0,80	
Au	0,48	} p - GaAs
Al	0,63	

Tabelle 6: Barrierenhöhe bei GaAs für verschiedene Metalle

von der Substratseite geätzt (inverse Mesastruktur), wodurch die spezifische Neigung der Mesaseiten das elektrische Feld an der Peripherie des
Schottky-Kontaktes reduziert. Vorzeitiger Randdurchbruch und hoher Rückwärtsstrom werden dadurch vermieden (Bild 69).

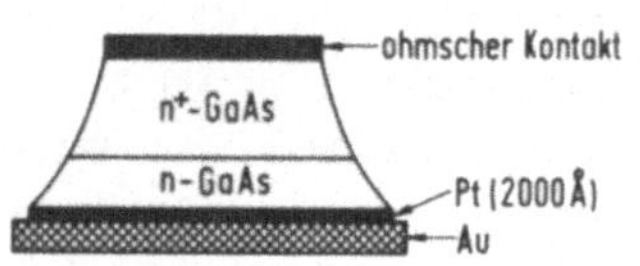

Bild 69:

Pt-GaAs Schottky-Diode
mit inverser Mesastruktur

7.4. Montage und Kontaktierung

Der Einbau von Halbleiterbauelementen und integrierten Schaltungen in Gehäuse erfolgt aus folgenden Gründen:

1) Die feine Struktur der Kontakte und Leiterbahnen des Halbleiterscheibchens muß einer gröberen Technologie angepaßt werden (z. B. der gedruckten Leiterplatte).

2) Das Gehäuse stellt einen Schutz gegen mechanische und atmosphärische Einflüsse dar.

3) Das Gehäuse dient zur Ableitung der im Halbleiterbauelement entstehenden Wärme.

7.4.1. Montage

Zur Befestigung im Gehäuse werden die Bauelemente meist auf dem Gehäuseboden aufgelötet (Bild 70). Als Lot eignet sich eine eutektische AuSn- oder AuGe-Legierung, die schon bei 280°C bzw. 356°C flüssig ist. Dabei

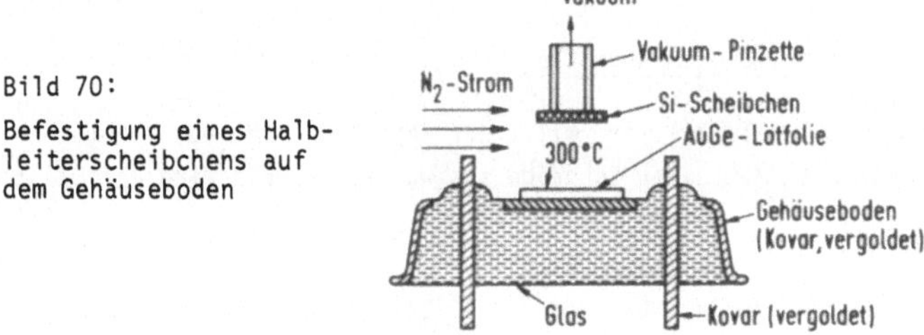

Bild 70:

Befestigung eines Halbleiterscheibchens auf dem Gehäuseboden

wird das Scheibchen mit einer Vakuum-Pinzette auf den mit der Lötfolie belegten heißen Gehäuseboden aufgedrückt. Bei einer anderen Form des Einbaus wird zur Schonung des Scheibchens der Lötvorgang nur kurzzeitig (einige Sekunden) durch Strahlungsheizung durchgeführt. Bei Mikrowellengehäusen ist der Gehäuseboden zugleich äußerer Kontakt und Wärmesenke.
Bei der Kontaktierung von Lasern werden zur Vermeidung von thermischen Spannungen häufig niedrigschmelzende In-Legierungen verwendet oder aber die Bauelemente werden mit Leitfähigkeitskleber aufgeklebt.

7.4.2. Kontaktierung

Ein kritischer Schritt ist die Herstellung der elektrischen Verbindung
zwischen den Kontakten auf dem Halbleiter-Scheibchen und den Gehäuse-
durchführungen. Diese Verbindungen werden mit etwa 25 µm starken Au- oder
Al-Drähten hergestellt[1]. Zum Kontaktieren wird hauptsächlich das <u>Thermo-
kompressions-Verfahren</u> angewendet. Mit dieser Methode wird unter dem Einfluß von Druck und Wärme eine elektrische und mechanische Verbindung hergestellt. Man unterscheidet dabei die Schneidenkontaktierung ("wedge-
bonding") und die Nagelkopfkontaktierung ("nail-head-bonding").

Während für das Thermokompressions-Verfahren Au-Drähte am besten geeignet
sind, können beim <u>Ultraschallschweiß-Verfahren</u> auch Drähte aus Aluminium
verwendet werden. Hierbei wird mit Hilfe von Ultraschallenergie der Alu-
miniumdraht in den Aluminium-Kontaktflecken eingerieben. Der wesentliche
Vorteil dieses Verfahrens besteht darin, daß damit Aluminium mit Aluminium
verschweißt werden kann. (Bei Verwendung von Golddrähten auf Aluminium-
Kontaktflecken kann sich bei hohen Betriebstemperaturen eine brüchige
Al-Au-Verbindung bilden.)

7.4.2.1. Schneidenkontaktierung

Der Au-Draht (Bild 71) wird mit einer Kapillare über den Halbleiter-Kon-
takt gebracht. Mit einer Schneide aus Wolfram-Karbid wird der Draht dann

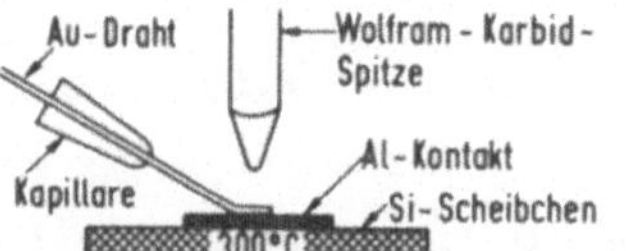

Bild 71:

Schneidenkontaktierung
("wedge-bonding")

auf das heiße Scheibchen (200 - 300°C) aufgedrückt. (Wegen des geringen
Radius der Wolfram-Karbidspitze von etwa 25 µm entsteht bei einer Be-
lastung von ca. 20 g eine spezifische Flächenpressung bis zu 10 t/cm^2).

----

[1] Für Hochfrequenzanwendungen werden an Stelle der Golddrähte häufig
   Goldbänder verwendet, die eine geringere Induktivität aufweisen.

Ein Nachteil dieses Verfahrens besteht darin, daß zwei Werkzeuge,
Kapillare und Schneide, unabhängig voneinander unter dem Mikroskop manipuliert werden müssen.

7.4.2.2. Nagelkopfkontaktierung

Eine Weiterentwicklung des Thermokompressions-Verfahrens ist die Nagelkopfkontaktierung. Bei dieser Methode läuft der Golddraht durch eine
unten angespitzte Kapillare (Bild 72). Schmilzt man den Draht unterhalb der Kapillarenöffnung mit einer kleinen Flamme durch, so bildet sich
durch die Oberflächenspannung eine kleine Goldkugel von etwa 50 µm Durchmesser. Diese Kugel wird mit der Kapillare auf die zu kontaktierende

Bild 72:

Nagelkopfkontaktierung
("nail-head-bonding")

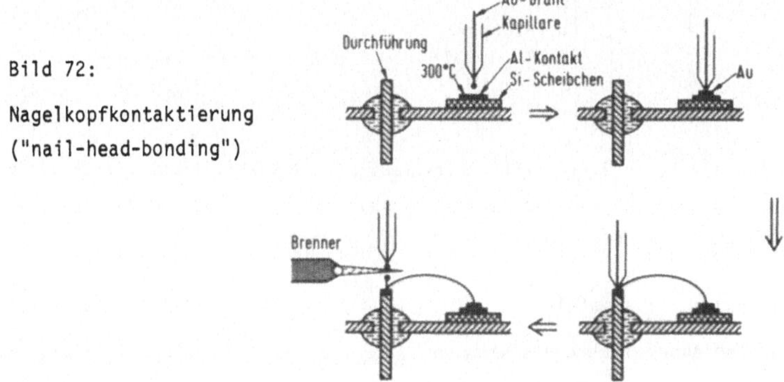

Anschlußfläche gedrückt, die wieder eine Temperatur von 200 - 300°C hat.
Durch die plastische Verformung entsteht (wie unter 7.4.2.1) ein inniger
Kontakt zwischen dem Au-Draht und der Anschlußfläche auf dem Scheibchen.
In einer Abwandlung dieses Verfahrens erfolgt zur thermischen Schonung
des Halbleitermaterials die Kontaktierung auch bei kaltem Scheibchen mit
heißer oder impulsbeheizter Kapillare.

Zieht man die Kapillare nach oben, so bleibt das verformte Ende des Au-
Drahtes auf dem Scheibchen haften und man kann in gleicher Weise den An-
schluß mit der Gehäusedurchführung herstellen. Darauf wird die Kapillare
etwas angehoben und man schmilzt den dabei freiwerdenden Golddraht mit

der Flamme durch. Dieses Verfahren hat den Vorteil, daß nur die Kapillare unter dem Mikroskop manipuliert werden muß. Bild 73 zeigt als Beispiel eine in ein Mikrowellengehäuse montierte und kontaktierte Halbleiter-Diode.

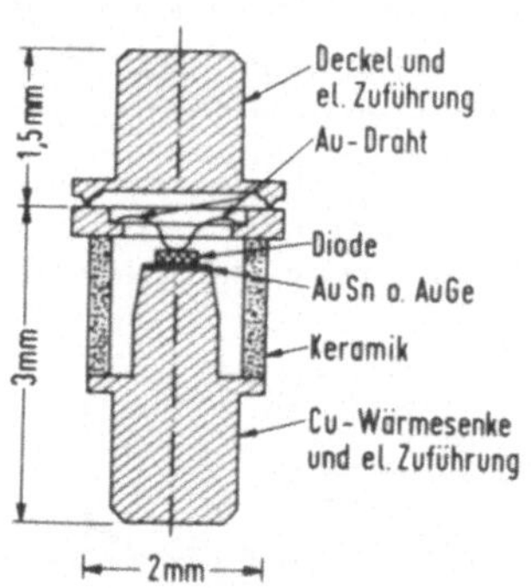

Bild 73:

Beispiel für die Montage und Kontaktierung einer Mikrowellen-Diode

Für Anwendungen bei sehr hohen Frequenzen (> 60 GHz) werden die Bauelemente häufig nicht mehr in Gehäuse eingebaut, sondern nur noch mit Isolierblöcken aus Quarz (quartz stand-off) aufgebaut.

8.   Fertigungsbeispiele

In diesem Abschnitt wird anhand der Silizium Technologie gezeigt, wie die verschiedenen Verfahren der Halbleitertechnologie zur Herstellung von Bauelementen eingesetzt werden. Aus der Fülle der existierenden, verschiedenartigen Halbleiterbauelemente werden nur diejenigen ausgewählt, die auch in integrierten Schaltungen benutzt werden können. Ein wichtiges Verfahren ist dabei die Silizium-Planar-Technologie. Neben der Herstellung von aktiven Bauelementen wie Transistoren wird auch die Realisierung passiver Elemente wie Widerstände und Kondensatoren erläutert.

8.1.   Planar-Transistor

Das in integrierten Schaltungen am häufigsten auftretende Bauelement ist der Planar-Transistor. Ausgangsmaterial ist meist eine Siliziumscheibe, deren p-leitendes Substrat eine n-leitende epitaxiale Schicht trägt (Bild

74). Durch eine tiefe p-Isolationsdiffusion werden zunächst n-leitende
Wannen oder Inseln erzeugt, in die das Bauelement eingebettet wird (zur
galvanischen Entkoppelung der einzelnen Bauelemente liegt der Substrat-
Kontakt auf dem niedrigsten Potential der ganzen Schaltung).

Bild 74:

Integrierter Si-npn-Planar-
Transistor

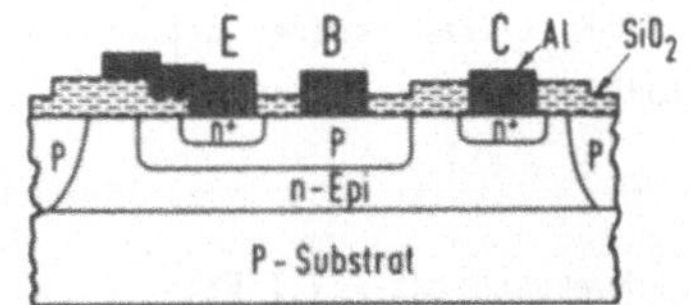

Für einen integrierten npn-Transistor (Bild 74) wird als Kollektor (C)
eine einzelne n-leitende Insel benützt, in die nacheinander die Basis (B)
und der Emitter (E) eindiffundiert werden. Da das Kollektorgebiet relativ
hochohmig ist ($N_D \approx 10^{16}$ cm^{-3}), muß gleichzeitig mit der Emitterdiffusion
unter dem Al-Kollektor-Kontakt eine n$^+$-Übergangszone für den Ohmschen Kontakt erzeugt werden.

Der hohe Kollektor-Bahnwiderstand dieses Transistors ist jedoch von Nachteil. Dieser kann aber wirksam durch eine gut leitende <u>vergrabene Schicht</u>
("<u>burried layer</u>") reduziert werden. Dazu geht man von einer homogen
dotierten p-leitenden Si-Scheibe aus, in die zunächst eine n$^+$-Zone eindiffundiert ist. Danach läßt man auf die Scheibe eine n-leitende epitaxiale Schicht aufwachsen. Alle weiteren Schritte entsprechen dem oben beschriebenen Verfahren. Man erhält eine Struktur, bei der unter dem Kollek-
toranschluß bis zum Emitteranschluß eine niederohmige n$^+$-leitende Zone
(die vergrabene Schicht) vorhanden ist, die den Kollektorwiderstand erheblich herabsetzt. Als Dotierungsmaterial wird für die vergrabene Schicht
(zur Vermeidung der Ausdiffusion) Arsen verwendet, das in Si wesentlich
langsamer als Bor und Phosphor diffundiert.

8.2. Feldeffekt-Transistoren (FET)

Je nach der Ausführung der Steuerelektrode sind drei Arten von Feldeffekt-
Transistoren zu unterscheiden (vgl. auch [10]):

1) Sperrschicht-Feldeffekt-Transistoren (JFET; Junction-Field-Effect-Transistor)

2) Feldeffekt-Transistoren mit Schottky-Kontakt als Steuerelektrode (MESFET; Metal-Semiconductor-FET)

3) Feldeffekt-Transistoren mit isolierter Steuerelektrode (MOSFET; Metal-Oxide-Semiconductor-FET).

8.2.1. Sperrschicht-FET (JFET)

Im Gegensatz zum Planar-Transistor wird beim Sperrschicht-FET hochohmiges, p-leitendes Si-Substrat ($\simeq 10^3$ $\Omega\cdot$cm) oder Saphir verwendet. Als Kanalzone dient eine dünne n-leitende epitaxiale Schicht (Bild 75). Für eine weitgehende Durchsteuerung des Kanals darf dieser nicht zu tief sein. Andererseits muß bei zulässiger maximaler Steuer-(Sperr-)Spannung Durchbruch am pn-Übergang vermieden werden. Bei einer Dotierung von 10^{16} cm^{-3} darf deshalb (vgl. 9.5) die Dicke der epitaxialen Schicht nicht größer als etwa 1 µm sein.

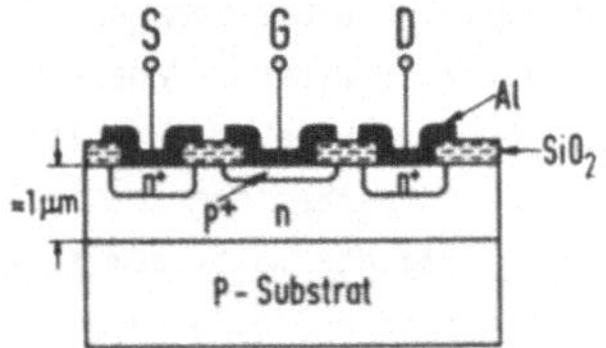

Bild 75:

Sperrschicht-FET

Die Steuerdiode (G; Gate) wird durch eine p$^+$-Diffusion in die n-leitende epitaxiale Schicht hergestellt. Zur Verbesserung der Kontakteigenschaften an Source (S)- und Drain (D)-Anschluß wird eine n$^+$-Diffusion durchgeführt.

Die Steuerelektrode wird in Sperr-Richtung gepolt. Mit zunehmender Sperrspannung dehnt sich die Verarmungszone in den Kanal aus. Deshalb handelt es sich beim Sperrschicht-FET jeweils um einen Verarmungstyp-Betrieb ("depletion mode").

Die Funktionsweise dieses Transistors ist die gleiche, wenn anstelle eines n-leitenden Kanals ein p-leitender Kanal verwendet wird, allerdings besteht das Gate dann aus einer n^+-dotierten und Source und Drain aus einer p^+-dotierten Zone. Wegen der höheren Beweglichkeit der Elektronen ist jedoch ein n-leitender Kanal günstiger. Der Sperrschicht-FET wird derzeit fast ausschließlich als diskretes Bauelement verwendet.

8.2.2. MESFET

Der MESFET ist im Prinzip ebenfalls ein Sperrschicht-FET. Jedoch ist hier im Gegensatz zum JFET, der pn-Übergang durch einen Schottky-Kontakt ersetzt (Bild 76). Die Anwendung eines Schottky-Gate ist bei solchen

Bild 76:

FET mit Schottky-Kontakt (MESFET)

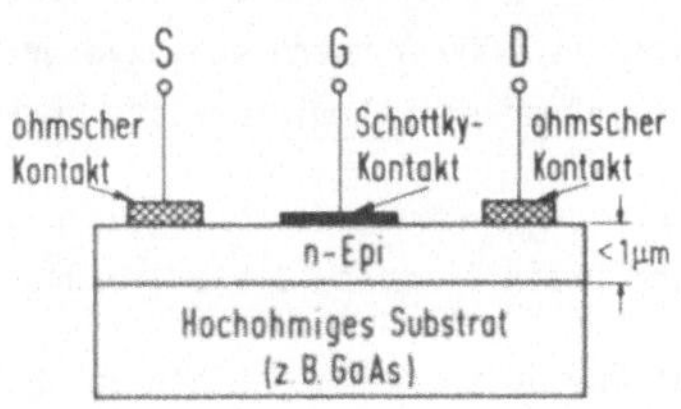

Halbleitern von Vorteil, bei denen die Anwendung einer isolierten Steuerelektrode (vgl. MOSFET; 8.2.3) nicht möglich und Diffusionsprozesse schlecht durchführbar sind, also im wesentlichen für GaAs. Wegen der um den Faktor 3 höheren Beweglichkeit der Elektronen in GaAs als in Si liegen die Frequenzgrenzen für Verstärkung beim GaAs-MESFET relativ hoch. Bei optimaler Kanalbemessung (Kanallänge 1 μm; Kanaltiefe 0,2 μm) wird rauscharme Verstärkung bis zu 20 GHz erreicht.

8.2.3. MOSFET

Die Wirkungsweise von MOSFETs beruht darauf, daß durch Anlegen einer Spannung an die isoliert über dem Halbleiter befindliche Steuerelektrode die Ladungskonzentration und damit die Leitfähigkeit in einem dünnen Kanal unter der Halbleiteroberfläche verändert wird.

Das Schema des derzeit am häufigsten verwendeten p-Kanal MOSFET zeigt Bild 77. Diese Struktur besteht aus einem n-leitenden Si-Substrat (5 Ω cm)

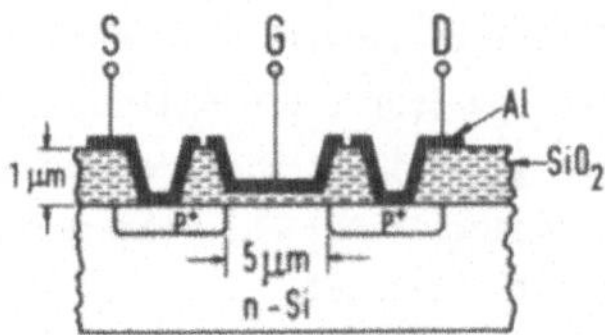

Bild 77:

p-Kanal-Anreicherungstyp
MOSFET

in das für die Source- und Drain-Kontakte p$^+$-Inseln eindiffundiert sind.
Die Kanallänge beträgt etwa 5 µm. Das zur Maskierung erforderliche Oxid
($\simeq$ 1 µm) ist als Gate-Isolator zu dick. Deshalb wird im Gate-Bereich das
Oxid vollständig abgeätzt und anschließend die Oberfläche auf eine Oxid-
stärke von nur 1000 Å thermisch oxydiert. Als Gate-Elektrode wird z. B.
Aluminium verwendet (Aluminium-Gate-Technologie).

Ohne äußere Vorspannung an der Steuerelektrode kann kein Strom zwischen
Source und Drain fließen. Diese Anordnung ist also selbstsperrend.

Bei negativer Vorspannung beginnt ab der Schwellspannung U_T (ungefähr
-4 V) zwischen Source und Drain ein Strom zu fließen. Unter dem Einfluß
der negativen Vorspannung werden die Bandkanten des Halbleiters an der
Grenze zwischen Isolator und Halbleiter so weit angehoben, bis in dieser
Zone der Halbleiter zur p-Leitung invertiert. In der invertierten Rand-
schicht können dann Löcher vom Source- zum Drain-Kontakt fließen. Je mehr
negativ vorgespannt ist, desto mehr Inversionsladung sammelt sich in diesem künstlich geschaffenen Kanal und umso größer wird die Kanal-Leitfähig-
keit. Es handelt sich daher um einen Anreicherungstyp-Betrieb ("enhance-
ment-mode"). Daneben gibt es auch MOSFETs mit n-Kanal und MOSFET-Strukturen
mit natürlichem n- bzw. p-Kanal, die im Verarmungstyp-Betrieb arbeiten.

Eine der wichtigsten Größen zur Charakterisierung von MOSFETs mit Anreicherung ist die Schwellenspannung U_T

$$U_T = 2\,\phi_F + \phi_{MSi} - Q_{ss}/C_o \pm \frac{2}{C_o}\sqrt{q\varepsilon_o\varepsilon_r\,N_v\,\phi_F} \qquad . \qquad (8.1)$$

Darin ist ϕ_F das Fermipotential (gerechnet von der Bandmitte) und ϕ_{MSi} ist
das Kontaktpotential zwischen Gate-Metall-Elektrode und Silizium. C_o ist

die Kapazität pro Flächeneinheit des Gate-Kondensators (Isolatorkapazität), N_V ist die Dotierungskonzentration des Halbleiters und Q_{ss} ist die
Ladung pro Flächeneinheit der Oberflächenzustände. Das negative Vorzeichen
in (8.1) gilt für n-leitendes Substrat (p-Kanal), das positive Vorzeichen
für p-leitendes Substrat (n-Kanal).

Für eine geringe Anfälligkeit gegenüber Störsignalen ist natürlich eine
hohe Schwellenspannung U_T wünschenswert. Bei der Integration mit bipolaren
Transistoren ist im Hinblick auf Kompatibilität eine möglichst niedrige
Schwellenspannung von Vorteil. Zur Reduktion von U_T gibt es nach Gl.(8.1)
verschiedene Möglichkeiten [11]:

Die Flächenladung der Grenzschicht Q_{ss} ist im Vergleich zu $\langle 111 \rangle$ -Si bei
$\langle 100 \rangle$ -Si etwa um den Faktor 3 geringer. Deshalb kann bei Verwendung von
$\langle 100 \rangle$ -Si die Schwellenspannung von -4 V auf etwa -2 V reduziert werden.
Durch Verwendung einer dünnen Isolator-Doppelschicht (z. B. SiO_2 - Si_3N_4
oder SiO_2 - Al_2O_3) kann wegen der resultierenden höheren Dielektrizitäts-
konstanten(vgl. Tabelle 4) die Isolatorkapazität C_o in (8.1) erhöht und
dementsprechend U_T geringer gemacht werden. Man verwendet hierzu als Gate-
Isolator z. B. eine Schichtenfolge aus SiO_2, das 600 Å dick ist, auf das
chemisch (vgl. 6.2.2) eine 600 Å dicke Si_3N_4-Schicht abgeschieden wird.
Dieses Verfahren wird auch MNOS (Metal-Nitride-Oxide-Semiconductor)-
Technologie genannt.

Bei der Silizium-Gate-Technologie (Bild 78) erfolgt die Verminderung von
U_T durch Reduktion des Kontaktpotentials ϕ_{MSi} in Gleichung (8.1).Innerhalb
des Transistor-Bereiches wird das 1,5 µm dicke SiO_2 zunächst bis auf das
Substrat herausgeätzt. Innerhalb dieses Fensters läßt man einen neuen
SiO_2-Film von nur 1000 Å Dicke durch thermische Oxydation aufwachsen. Dann
wird die Oberfläche mit einer Schicht aus polykristallinem Silizium bedeckt. Anschließend wird die Gate-Geometrie herausgeätzt. Eine Bor-Diffusion erzeugt die Source- und Drain-Zonen und dotiert gleichzeitig die
Feldelektroden aus polykristallinem Silizium. Neben der Herabsetzung von
U_T hat das Silizium-Gate-Verfahren noch einen weiteren Vorteil. Da die
Gate-Struktur vor dem Diffusionsprozeß herausgeätzt wird, ist durch
selbstjustierende ("self-alignment") Diffusion die Lage der Feldelektrode
bezüglich Source- und Drain-Zone genau begrenzt (wegen der hohen Diffusi-

114

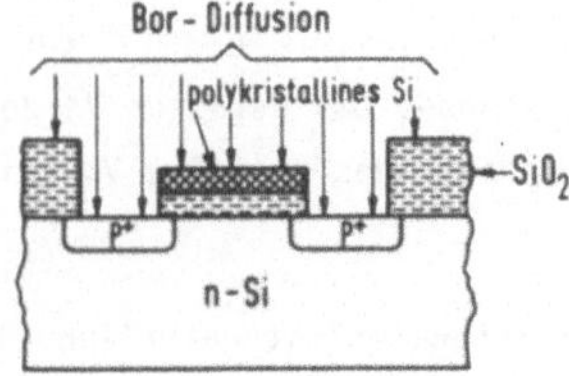

Bild 78:

Silizium-Gate-Technologie bei MOSFETs

onstemperaturen ist diese Prozeßfolge bei der <u>Aluminium-Gate-Technologie</u> (Bild 77) nicht möglich). Dadurch werden schädliche Rückkoppel-Kapazitäten reduziert.

Eine weitere Verminderung der parasitären Kapazitäten durch exakte Begrenzung des Kanals auf die Gate-Länge erfolgt mit Hilfe der Ionenimplantation (beim Diffusionsverfahren ist eine Querdiffusion unvermeidlich, vgl. Bild 79). Bei dieser Technologie wird die p^+-Diffusion für die Source- und Drain-Zone zum Teil durch eine Bor-Ionenimplantation ersetzt.

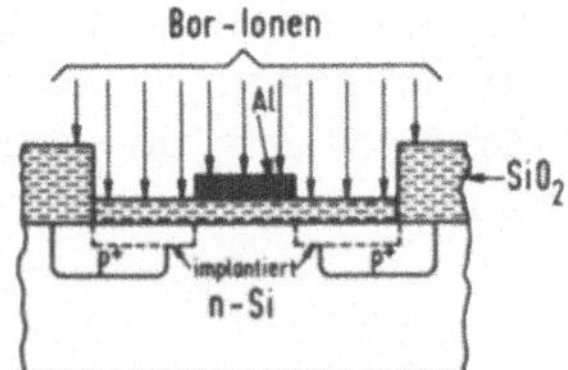

Bild 79:

Selbstjustierung der Kanallänge und Gate-Elektrode durch Ionenimplantation

Die auftreffenden Bor-Ionen durchdringen zwar die dünne SiO_2-Schicht im Source- und Drain-Bereich, nicht aber die Aluminium-Elektrode.

Ionenimplantation wird besonders erfolgreich zur Einstellung der Schwellspannung U_T herangezogen [12]. Nach der Herstellung des Gate-Isolators und vor dem Aufdampfen der Aluminium-Gate-Elektrode wird das Scheibchen mit Bor-Ionen beschossen. Dabei werden in den Kanal bis zu einer Tiefe w_i von 1000 - 2000 Å Akzeptoren mit einer Konzentration N_A eingebaut, die größer als die Donatorkonzentration $N_D = N_V$ des n-leitenden Substrates ist. Somit entsteht eine p-leitende Oberflächenschicht (und damit ein pn-Übergang innerhalb des Kanals). Die Existenz dieser p-leitenden Oberflächenschicht bewirkt nun, daß sich zu dem Ausdruck für U_T (Gl. 8.1)) die Bandabbiegung $qN_Aw_i^2/2\ \varepsilon_o\varepsilon_r$ und die durch Influenz von N_A auf der Steuerelektrode erzeugte Spannung qN_Aw_i/C_o addiert. Durch Wahl der Bor-Ionendosis $N_i = N_Aw_i$ ist es möglich, die Schwellspannung über Null Volt sogar zu positiven Werten zu verschieben (N_i liegt in der Größenordnung von $10^{12}\ cm^{-2}$).

Für bestimmte Anwendungen in integrierten Logikschaltungen, z. B. für Inverter, ist es zweckmäßig, MOSFETs mit entgegengesetztem Kanal-Leitungstyp auf derselben Si-Scheibe herzustellen. Mit dieser komplementären MOS (CMOS; Complementary MOS)-Schaltung liegt ein einfaches Beispiel für die Schaltungsintegration vor. Die einzelnen Herstellungsschritte einer CMOS-Schaltung sind in Bild 80 gezeigt. Ausgangsmaterial ist n-leitendes Silizium, das homogen z. B. mit SiO_2 beschichtet ist (Bild 80a). In einem

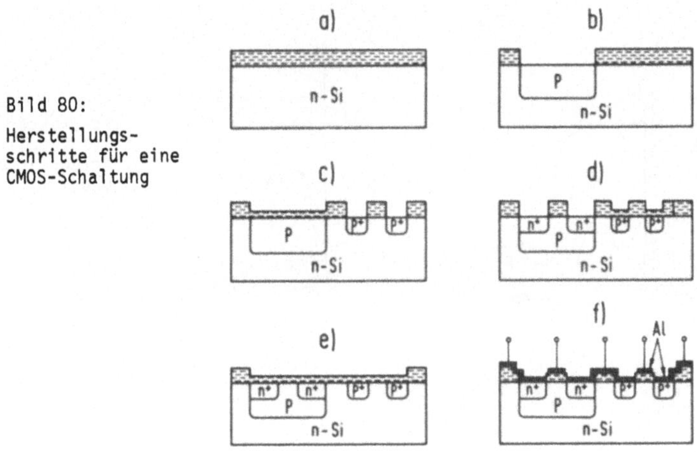

Bild 80:

Herstellungsschritte für eine CMOS-Schaltung

ersten Diffusionsschritt wird eine p-leitende Wanne für den späteren n-Kanal eindiffundiert (Bild 80b). Neben der p-leitenden Wanne wird an zwei Stellen der Isolator geöffnet und es werden zwei p^+-leitende Inseln für Source und Drain des p-Kanalsystems eindiffundiert (Bild 80c). Das über der p-Wanne wieder aufgewachsene Oxid wird entfernt und es werden die

116

n$^+$-leitenden Inseln für Source und Drain des n-Kanalsystems eindiffundiert
(Bild 80d). Darauf wird über den aktiven Bereichen das Oxid vollständig
weggeätzt. Durch anschließende kontrollierte Oxydation wird die für die
Isolatorkapazitäten notwendige dünne SiO_2-Schicht hergestellt (Bild 80e).
Schließlich wird an den Source- und Drain-Inseln das Oxid geöffnet und es
werden die Aluminiumkontakte sowohl für die Source- und Drain- als auch
für die Steuerelektroden aufgedampft (Bild 80f). Da bei solchen logischen
Schaltungen die Werte der Spannungsniveaus, zwischen denen die MOSFETs
geschaltet werden, über lange Zeit konstant bleiben sollen und SiO_2-
Schichten Drifterscheinungen durch Ionenwanderung besitzen, wird zum
Teil der aktive Isolator unter den Steuerelektroden zur Verbesserung der
Stabilität aus Aluminiumoxid hergestellt. Eine typische Übertragungscha-
rakteristik und ein Ersatzschaltbild einer integrierten CMOS-Schaltung
sind in Bild 81 dargestellt.

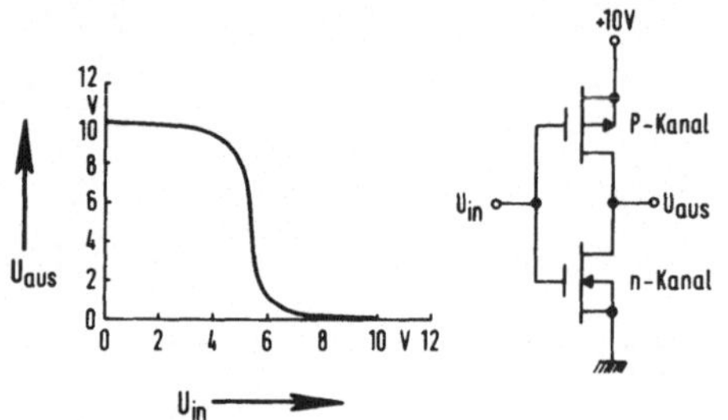

Bild 81:

Übertragungscharakte-
ristik und Ersatzschalt-
bild einer integrierten
CMOS-Schaltung

8.3. Widerstände

8.3.1. Dünnfilm-Widerstände

Dünnfilm-Widerstände in integrierten Schaltungen werden häufig aus der
Aufdampfschicht eines Widerstandsmaterials, z. B. Nickelchrom (NiCr), gebildet. Daneben ist auch Zinnoxid gebräuchlich, das chemisch abgeschieden
wird. Diese Widerstandsschicht liegt auf der obersten Oxidschicht der
integrierten Schaltung (Bild 82). Das erforderliche Muster kann bei NiCr
durch eine Aufdampfmaske oder allgemein durch einen entsprechenden Photo-

Bild 82:

Dünnfilm-Widerstand

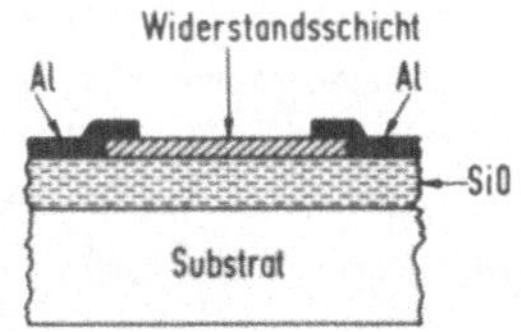

lackprozeß erzeugt werden. Die Enden dieser Widerstandsschicht werden
durch Al-Leiterbahnen mit den übrigen Elementen der Schaltung verbunden.
Dünnschichtwiderstände werden also zeitlich vor den Leiterbahnen der
Schaltung hergestellt. Typische Werte für Schichtwiderstände sind:

$$NiCr \quad : \quad 10 - 400 \quad \Omega/\square$$

$$SnO_2 \quad : \quad 25 - 1000 \quad \Omega/\square$$

8.3.2. Diffundierte Widerstände

Bei der Anwendung von diffundierten Widerständen kann im Vergleich zu
Dünnfilm-Widerständen ein zusätzlicher Photolackprozeß eingespart werden.
Als Widerstandsschicht wird in der Planartechnik hauptsächlich die Ba-
sis- oder Emitterzone benutzt. Mit diesem Verfahren lassen sich Wider-
standswerte bis zu $1\,k\Omega/\square$ erzielen. Auch hier werden die beiden Anschlüsse
des Widerstandes i.a. mit Aluminium kontaktiert.

Außerdem werden Widerstände auch mit Ionenimplantation hergestellt. Man
kann damit Werte bis zu $500\,k\Omega/\square$ erzielen.

8.4. Kondensatoren

8.4.1. Dünnfilm-Kondensatoren

Zur Herstellung von Dünnfilm-Kondensatoren wird zunächst auf die oberste
Oxidschicht der bereits bis auf die Kontaktierung vorliegenden Schaltung
eine Aluminiumgrundplatte aufgedampft. Darauf wird chemisch ein Dielektrikum (SiO_2, Al_2O_3, Ta_2O_5) abgeschieden, worauf das Aufdampfen der Al-

Gegenelektrode erfolgt. Zur geometrischen Begrenzung von Dünnfilm-Kondensatoren sind zusätzliche Photolack-Schritte erforderlich. Mit diesem Verfahren werden Kondensatoren mit folgenden Kapazitäten pro Flächeneinheit hergestellt:

$$SiO_2 \quad : \quad 300 \text{ pF/mm}^2$$

$$Al_2O_3 \quad : \quad 1500 \text{ pF/mm}^2$$

$$Ta_2O_5 \quad : \quad 3000 \text{ pF/mm}^2$$

8.4.2. Verarmungsschicht-Kondensatoren

Bei integrierten Schaltungen kann auch eine MOS-Struktur vom Verarmungstyp oder ein in Sperr-Richtung gepolter pn-Übergang als Kondensator benutzt werden. Beim MOS-Kondensator können auch Isolatorschichten mit höherer Dielektrizitätskonstante verwendet werden. Für die Sperr-Schicht-Kapazität eines pn-Überganges wird häufig die Basis-Emitter-Strecke eines Planar-Transistors ausgenützt.

9. Anhang

9.1. Zusammenstellung wichtiger physikalischer Daten einiger Halbleiter

	Si	Ge	GaAs	GaP	InP	InSb
Dichte $[g/cm^3]$	2,328	5,327	5,32	4,13	4,79	5,77
Atome/cm^3 (Moleküle/cm^3)	$5 \cdot 10^{22}$	$4,42 \cdot 10^{22}$	$2,21 \cdot 10^{22}$	$2,48 \cdot 10^{22}$	$2,0 \cdot 10^{22}$	$1,39 \cdot 10^{22}$
Gitterstruktur	Diamant	Diamant	Zink-blende	Zink-blende	Zink-blende	Zink-blende
Gitterkonstante $[\text{Å}]$	5,43	5,65	5,66	5,45	5,86	6,49
Schmelzpunkt $[^oC]$	1420	937	1238	1467	1058	523
Wärmeleitfähig-keit $[W/cm\,^oC]$	1,41	0,61	0,46	0,77	0,68	0,17
rel. Dielektri-zitätskonstante	11,8	16	10,9	12,0	14	16,8
Bandabstand[a] $[eV]$	1,12	0,803	1,43	2,24	1,29	0,16
rel.effekt.Masse der Elektronen m_n/m_o Löcher m_p/m_o	1,1 0,59	0,55 0,37	0,06 0,5	0,5 0,5	0,075 0,4	0,01 $\approx 0,5$
Eigenleitungskon-zentration[a] $[cm^{-3}]$	$1,6 \cdot 10^{10}$	$2,5 \cdot 10^{12}$	$1,1 \cdot 10^7$	-	$(1,6 \cdot 10^8)$	$5 \cdot 10^{17}$
Beweglichkeit[a] $[cm^2/V\ sec]$ Elektronen Löcher	1500 600	3900 1900	8800 400	110 75	4600 150	77000 1250
Durchbruchfeld-stärke $[V/cm]$	$\approx 3 \cdot 10^5$	$\approx 10^5$	$\approx 4 \cdot 10^5$	$\approx 5 \cdot 10^5$	-	-

[a] bei 300 K

9.2. Kristallstruktur

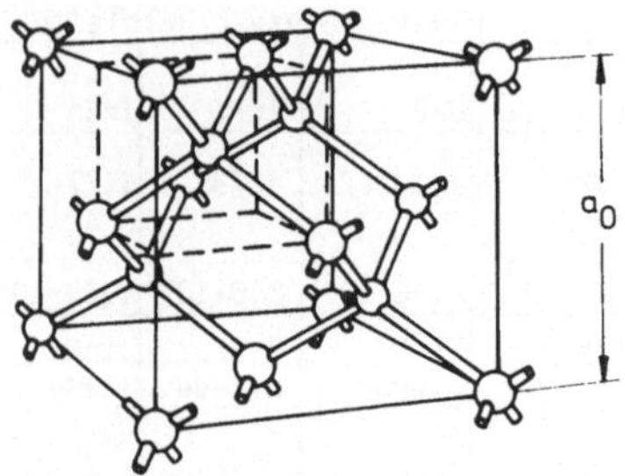

Bild 83:

Diamantgitter (Si, Ge, C etc.)
(a_0 = Gitterkonstante)

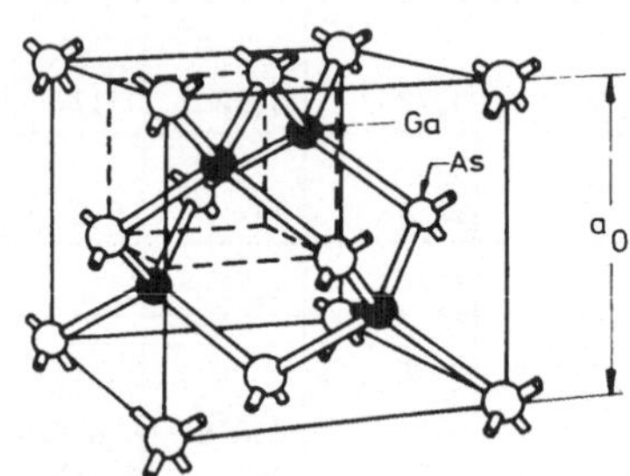

Bild 84:

Zinkblende-Gitter (GaAs, GaP, InP, InSb etc.)
(a_0 = Gitterkonstante)

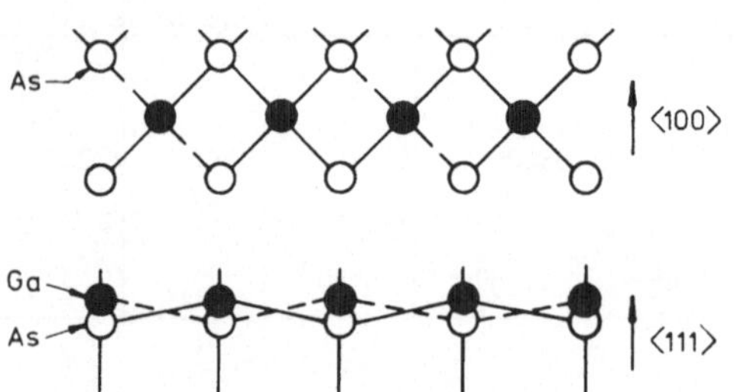

Bild 85:

Anordnung der Gallium- und Arsenatome in verschiedenen Kristall-richtungen

9.3. Störstellenniveaus in Si und GaAs

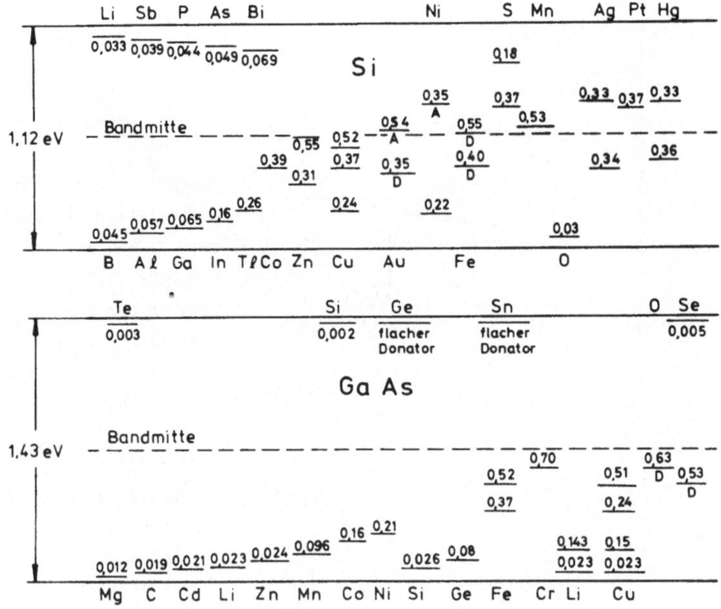

Bild 86: Gemessene Aktivierungsenergien (in eV) für verschiedene Störstellen in Si und GaAs. Niveaus oberhalb der Bandmitte sind von der unteren Kante des Leitungsbandes gemessen. Sie sind Donatorniveaus, wenn nicht mit A (Akzeptorniveau) bezeichnet. Niveaus unterhalb der Bandmitte sind von der oberen Kante des Valenzbandes gemessen. Sie sind Akzeptorniveaus, wenn nicht mit D (Donatorniveau) bezeichnet.

9.4. Einige Eigenschaften von pn-Übergängen

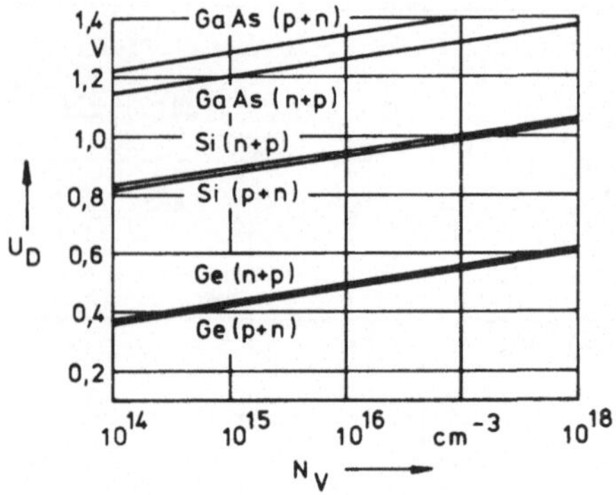

Bild 87:
Diffusionsspannung U_D in Si, Ge und GaAs für einseitig abrupte p^+n - bzw. n^+p - Übergänge als Funktion der Dotierung N_V (N_V ist jeweils die Störstellenkonzentration der schwächer dotierten Seite)

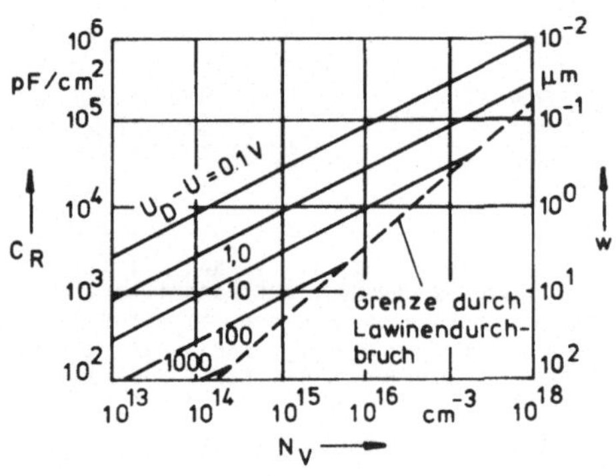

Bild 88:
Raumladungskapazität C_R und Weite w der Raumladungszone für einseitig abrupte pn-Übergänge in Si als Funktion der Dotierung N_V (N_V ist die Störstellenkonzentration der schwächer dotierten Seite)

Bild 89:

Diffusionsspannung U_D in Si, Ge und GaAs für lineare Übergänge als Funktion des Konzentrationsgradienten a der Dotierung

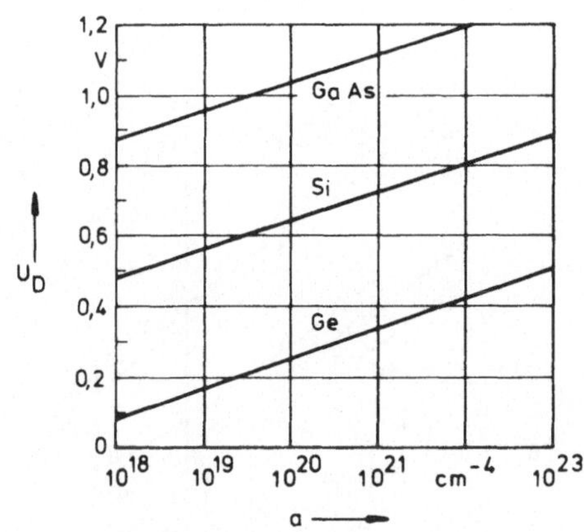

Bild 90:

Raumladungskapazität C_R und Weite w der Raumladungszone für lineare pn-Übergänge in Si als Funktion des Konzentrationsgradienten a der Dotierung

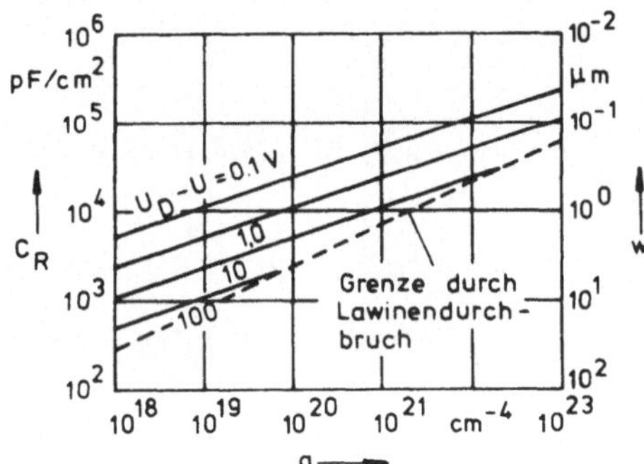

9.5. Lawinendurchbruch am pn-Übergang

Die Durchbruchspannung für einen einseitig abrupten Übergang ist (vgl. Bild 91)

$$U_B = \frac{1}{2} E_m w_B = \varepsilon_0 \varepsilon_r E_m^2 / 2 \, qN_v \qquad . \qquad (9.1)$$

Darin ist E_m das maximale Feld, w_B die Weite der Raumladungszone beim Durchbruch und N_v die Dotierungskonzentration der schwächer dotierten

124

Seite (die schraffierte Fläche im Teilbild von Bild 91 entspricht U_B).

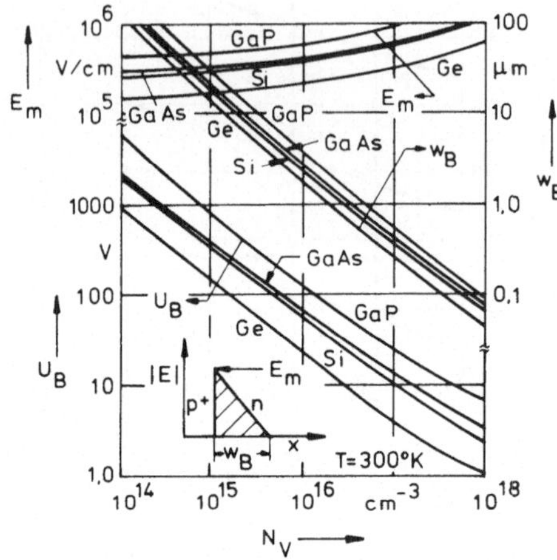

Bild 91:
Durchbruchspannung U_B,
maximales Feld E_m und
Weite w_B der Raumla-
dungszone beim Durch-
bruch für einseitig
abrupte pn-Übergänge
in Si, Ge, GaAs und
GaP als Funktion der
Dotierungskonzentra-
tion N_V (N_V ist die
Störstellenkonzentra-
tion der schwächer
dotierten Seite)

Die Durchbruchspannung für einen linearen Übergang ist (vgl. Bild 92)

$$U_B = \frac{2}{3} E_m w_B = \frac{4}{3} E_m^{3/2} (2\,\varepsilon_0\varepsilon_r/qa)^{1/2} \quad . \tag{9.2}$$

Darin ist E_m das maximale Feld, w_B die Weite der Raumladungszone beim
Durchbruch und a der Konzentrationsgradient der Dotierung (die schraffierte Fläche im Teilbild von Bild 92 entspricht U_B).

Bild 92:

Durchbruchspannung U_B, maximales Feld E_m und Weite w_B der Raumladungszone beim Durchbruch für lineare Übergänge in Si, Ge, GaAs und GaP als Funktion des Konzentrationsgradienten a der Dotierung

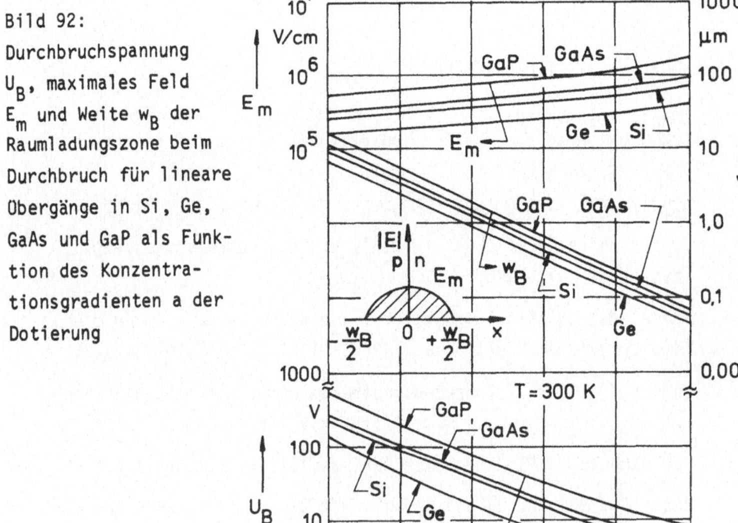

9.6. Physikalische Konstanten

Name	Symbol	Größe
Elementarladung	q	$1{,}602 \cdot 10^{-19}$ As
Elektronenmasse	m_0	$9{,}108 \cdot 10^{-35}$ Ws^{3}cm^{-2}
Lichtgeschwindigkeit	c	$2{,}998 \cdot 10^{10}$ cm s^{-1}
Plancksches Wirkungsquantum	h	$6{,}625 \cdot 10^{-34}$ Ws^2
Boltzmannsche Konstante	k	$1{,}380 \cdot 10^{-23}$ Ws ^{0}K^{-1}
Dielektr.Konstante(im Vakuum)	ε_0	$8{,}854 \cdot 10^{-14}$ As V^{-1}cm^{-1}
Induktionskonstante	μ_0	$1{,}257 \cdot 10^{-8}$ Vs A^{-1}cm^{-1}
Elektronenvolt	eV	1 eV = $1{,}602 \cdot 10^{-19}$ Ws
Temperaturspannung (300^0K)	kT/q	$0{,}0259$ V
spez. Elektronenladung	q/m_0	$1{,}759 \cdot 10^{15}$ cm^2 V^{-1}s^{-2}

Literaturverzeichnis

[1] Pfann, W.G.: Zone melting, New York 1959

[2] Nelson, H.: Epitaxial growth from the liquid state and its
      application to the fabrication of Tunnel and Laser diodes,
      RCA Rev., 24 (1963) S. 603 - 615

[3] Hayashi I., Panish, M.B., Foy, P.W., Sumski, S.: Junction
      Lasers which Operate Continuously at Room Temperature, Appl.
      Phys. Lett. 17 (1970) S. 109 - 111

[4] Effer, D.: Epitaxial growth of doped and pure GaAs in an open
      flow system, J. Electrochem. Soc., 112 (1965) S.1020 - 1025

[5] Cho, A.Y.: Growth of periodic structures by the molecular-beam
      method, Appl. Phys. Lett., 19 (1971) S. 467 - 468

[6] Bogenschütz, A.F.: Ätzpraxis für Halbleiter, München 1967

[7] Ruge, J., Müller, H. und Ryssel, H.: Die Ionenimplantation als
      Dotiertechnologie, Festkörperprobleme XII (1972) S. 23 - 106

[8] Logan, M.A.: An ac bridge for semiconductor resistivity measure-
      ments using a four-point probe, Bell System Tech. J., 40 (1961)
      S. 885 - 919

[9] Lepselter, M.P., and Sze, S.M.: Silicon Schottky barrier diode
      with near-ideal I-V characteristics, Bell System Tech. J.,
      46 (1967) S. 195 - 208

[10] Beneking, H.: Verschiedene Arten von Feldeffekttransistoren,
      NTZ, 23 (1970) S. 485 - 490

[11] Gereth, R. and Rein, H.M.: Problems related to advanced integrated
      circuits, Solid State Devices 1971, Institute of Physics, London
      and Bristol, Conference Series Number 12, S. 45 - 65

[12] Swanson, R.M., and Meindl, J.D.: Ion Implanted Complementary
      MOS Transistors in Low-Voltage Circuits, IEEE Solid State Circuits,
      $\underline{2}$ (1972) S. 146 - 153

Liste der wichtigsten Formelzeichen

A	Fläche einer integrierten Schaltung	i	Teilchenstromdichte
a	Konzentrationsgradient der Dotierung	i_A	Akzeptorenstromdichte
a_o	Gitterkonstante	i_p	Löcherstromdichte
C_o	Kapazität pro Flächeneinheit des Gate-Kondensators bei MOSFET	k	Verteilungskoeffizient Boltzmannsche Konstante
C_R	Raumladungskapazität pro Flächeneinheit	L	Liquidus-Kurve Kristallbarrenlänge Länge der aktiven Zone eines Gunn-Elementes
$c_o,$ c_{lo}	konstante Ausgangskonzentration der Verunreinigung	l	Länge der Schmelzzone
c_l	Verunreinigungskonzentration im flüssigen Zustand	M	Metallkontakt
c_s	Verunreinigungskonzentration im festen Zustand	m_o	Ruhemasse der Elektronen
		m_n	effektive Masse der Elektronen
		m_p	effektive Masse der Löcher
D	Diffusionskonstante		
D_A	Diffusionskonstante für Akzeptoren	N	Konzentration der Dotierungsstoffe
D_{Gi}	Diffusionskonstante für substitutionelle Diffusion	N_A	Akzeptorendichte
D_{Zw}	Diffusionskonstante bei Diffusion über Zwischengitterplätze	N_D	Donatorendichte
		N_{Gi}	Konzentration der Dotierungsatome auf Gitterplätzen
D_{eff}	effektive Diffusionskonstante	N_V	Grunddotierung
D_p	Diffusionskonstante für Löcher	N_{Zw}	Konzentration der Dotierungsatome auf Zwischengitterplätzen
E	elektrische Feldstärke eutektischer Punkt	N_o	Konzentration der Dotierungsstoffe an der Halbleiteroberfläche
E_m	maximale Feldstärke beim Lawinendurchbruch	N_f	Randkonzentration der Dotierungsstoffe in der epitaxialen Schicht
f	Laufzeitfrequenz	N_i	Dosis implantierter Ionen
J	Strom	N_s	Randkonzentration der Dotierungsstoffe im Substrat
J_s	Sättigungsstrom		

N_t resultierende Konzentrationsverteilung

n Elektronendichte

n_o Elektronendichte bei thermischem Gleichgewicht

n_i Eigenleitungsträgerdichte

n^+ hochdotierte n-leitende Zone

p Löcherdichte

p^+ hochdotierte p-leitende Zone

Q_{ss} Ladung pro Flächeneinheit von Oberflächenzuständen

q Elementarladung

R mittlere Reichweite implantierter Ionen

R_K Kontaktwiderstand

S Solidus-Kurve Oberflächenkonzentration

s Abstand zwischen Metallelektroden bei der Vierspitzen-Methode

T absolute Temperatur

t Diffusionszeit

U Spannung

U_B Durchbruchspannung

U_D Diffusionsspannung

U_T Schwellspannung bei MOSFETs

v Aufwachsgeschwindigkeit der epitaxialen Schicht

W_A Aktivierungsenergie

W_F Fermi-Niveau

W_L Energie der Leitungsbandkante

W_V Energie der Valenzbandkante

w Weite der Raumladungszone

w_B Weite der Raumladungszone beim Lawinendurchbruch

x Ortskoordinate

x_j Ort des pn-Überganges

ε_o Dielektrizitätskonstante im Vakuum

ε_r relative Dielektrizitätskonstante des Halbleiters

η Ausbeute bei integrierten Schaltungen

μ_n Beweglichkeit der Elektronen

μ_p Beweglichkeit der Löcher

μ_A Beweglichkeit der Akzeptoren

ϱ spezifischer Widerstand

ϱ_n spezifischer Widerstand eines n-leitenden Halbleiters

ϱ_p spezifischer Widerstand eines p-leitenden Halbleiters

$\bar{\varrho}$ mittl. spezif. Widerstand

$\varrho_\square$ Oberflächenwiderstand bzw. Schichtwiderstand

ϕ_B Potentialbarriere

ϕ_F Fermipotential

ϕ_{MSi} Kontaktpotential zwischen Gate-Metall und Si bei MOSFETs

$\Delta\phi$ Barrierenerniedrigung

Sachregister

Ryssel/Ruge

IONENIMPLANTATION

Von Dr.-Ing. H. Ryssel
Institut für Festkörper-Technologie
der Fraunhofer-Gesellschaft, München

und Dr.-Ing. I. Ruge
o.Professor an der Technischen Universität
München sowie Institut für Festkörper-Technologie
der Fraunhofer-Gesellschaft, München

366 Seiten mit 304 Bildern und 50 Tabellen.
Geb. DM 120.--

Aus dem Inhalt: Grundlagen der Ionenimplantation /
Probleme bei der Ionenimplantation in reale Festkörper /
Ionenimplantationsapparaturen / Meßmethoden zur Unter-
suchung ionenimplantierter Schichten / Eigenschaften
ionenimplantierter Halbleiterschichten / Bauelemente /
Implantation in Nichthalbleiter / Anhang

Die Ionenimplantation, die in wachsendem Umfang von Tech-
nologen, von Physikern und Ingenieuren in Forschung und
Industrie zur Veränderung von Materialeigenschaften eingesetzt wird, ist in diesem Handbuch erstmals umfassend
unter besonderer Berücksichtigung der Anwendungen dargestellt.

Das Buch bietet zunächst die theoretischen Grundlagen im
Abriß, um sich sodann der Behandlung der Probleme, die
sich bei der Anwendung der Implantation stellen, zuzu-
wenden - genannt seien die elektrische Aktivierung implantierter Ionen, Diffusionseffekte sowie die hauptsächlich
verwendeten Meßmethoden zur Untersuchung implantierter
Schichten und die apparativen Anforderungen an Beschleu-
nigungssysteme. Durch zahlreiche Beispiele wird die
Anwendung der Ionenimplantation erläutert. Den Schwerpunkt
des Buches bildet die Dotierung von Halbleitern durch
Ionenimplantation als deren Hauptanwendungsgebiet.

Ein umfangreicher Anhang mit Tabellen und Kurven über
Diffusionskoeffizienten, Löslichkeiten, Dampfdrücke, Reich-
weiteparameter und allgemeine Halbleitereigenschaften
vervollständigt die Darstellung.

B. G. Teubner Stuttgart

Teubner Studienskripten Elektrotechnik

v. Münch, Werkstoffe der Elektrotechnik
3., neubearbeitete und erweiterte Auflage.
254 Seiten. DM 16,80

Oberg, Berechnung nichtlinearer Schaltungen
für die Nachrichtenübertragung
168 Seiten. DM 12,80

Pinske, Elektrische Energieversorgung
127 Seiten. DM 12,80

Pregla/Schlosser, Passive Netzwerke
Analyse und Synthese
198 Seiten. DM 14,80

Römisch, Berechnung von Verstärkerschaltungen
2., durchgesehene Aufl. 192 Seiten. DM 14,80

Schaller/Nüchel, Nachrichtenverarbeitung

Band 1 Digitale Schaltkreise
161 Seiten. DM 10,80

Band 2 Entwurf digitaler Schaltwerke
2., überarbeitete Aufl. 168 Seiten. DM 12,80

Band 3 Entwurf von Schaltwerken
mit Mikroprozessoren
155 Seiten. DM 12,80

Schlachetzki/v.Münch, Integrierte Schaltungen
255 Seiten. DM 16,80

Schmidt, Digitalelektronisches Praktikum
2., durchgesehene Aufl. 238 Seiten. DM 15,80

Thiel, Elektrisches Messen nichtelektrischer Größen
238 Seiten. DM 15,80

Unger, Hochfrequenztechnik in Funk und Radar
223 Seiten. DM 15,80

Vaske, Berechnung von Drehstromschaltungen
180 Seiten. DM 12,80

Vaske, Berechnung von Gleichstromschaltungen
2., durchgesehene Aufl. 117 Seiten. DM 10,80

Vaske, Berechnung von Wechselstromschaltungen
2., durchgesehene Aufl. 224 Seiten. DM 15,80

Vaske, Übertragungsverhalten elektrischer Netzwerke
2., durchgesehene Aufl. 158 Seiten. DM 12,80

Weber, Laplace-Transformation für Ingenieure
der Elektrotechnik
3., überarbeitete und erweiterte Auflage.
205 Seiten. DM 14,80

Westermann, Laser
190 Seiten. DM 14,80

Preisänderungen vorbehalten